全影
攻視
略後
　製

Premiere Pro/
After Effects（適用CC）

《影視後製全攻略》第一版於 2010 年發行至今已超過 10 個年頭，伴隨著許多讀者走過影視編輯的歲月。由於傳播科技媒體發展的日新月異，許多教師與專業人士紛紛投入影視後製的線上教學，素人皆能免費地於網路平台（如 YouTube）觀看教學影片，影視後製剪輯的技術也因此日益普及。走到這個時代，我原本認為這本書應該可以功成身退，當初出書的夢想也能有個完美的句點。不過，總是有些讀者會提問 Adobe 軟體版本在功能使用上的差異，再加上碁峰資訊 Jonassen 的鼓勵，我即萌生此書改版的念頭，或許，我們的知識與技術在影視後製的學習領域中仍扮演一定角色，循序漸進的內容架構，也還能作為學校教師教學或讀者自學之參考。

本次改版以 Adobe CC 2021 版本的功能說明為主，原書中的影音光碟編製（Encore）主題刪除，書籍內容保留影片剪輯（Premiere Pro）與視訊動畫特效（After Effects）兩大主題。與前一版本比較，我們在影片剪輯（Premiere Pro）篇加入活用超高畫質素材與 Proxy 工作流程，讓讀者了解如何處理高畫質、大容量的影片素材；我們也加入如何閱讀 Lumetri Scopes、白平衡校正、及 LUTs 的套用，說明影片色調修整的專業技術；我們更特別深入講解新版 Premiere Pro 的文字與字幕編輯（其操作方式完全與舊版軟體不同），讓讀者能更快適應新版本的操作。在視訊動畫特效（After Effects）篇，因書籍篇幅限制，主要刪除原本 Expression 語法章節，但新增動態圖像技巧的內容，我們會介紹基本形狀操作方式、動態圖形變化效果、修剪路徑、以及重複圖形功能，另外也在 3D 效果應用的章節，增加了 3D 化照片的編輯方式。

很開心看到本書改版重出江湖！能完成這件事，我要特別感謝陽明交通大學傳播與科技學系碩士班的嚴銘浩（Martin）同學，當我跟他提起本書改版的念頭，且想邀請他一起投入時，Martin 二話不說就答應此事，也因為借重他在影視編輯上的專業與豐富經驗，本書改版方能更新許多影視知識與技術資訊。

鄭琨鴻

在這個年頭，學習影片拍攝、後製，甚至 3D 動畫創作的門檻都越來越低，加上社群媒體的普及，要成為內容創作者、發佈者，並不困難。雖然說網絡資源豐富，但資訊量過多也會讓人不知道從何入手、如何入門、要 google 什麼關鍵字才能得到所需的效果以及操作方式，這些情況都很容易變成學習的最大障礙。因此，本次《影視後製全攻略》改版繼續以 Adobe 系列的剪輯軟體（Premiere Pro）、視訊動畫軟體（After Effects）為主軸，介紹軟體的基礎功能以及改版後的變化之餘，更希望本書可以成為新手與網絡資源間的橋樑，方便讀者、準創作者更容易地踏進影視後製的世界。

可能會有讀者疑惑，明明 Adobe 系列的軟體都已經支援中文介面，為何本書還是使用英文版軟體作介紹呢？那是因為根據筆者們的經驗，以 Adobe 系列軟體來說，網路上的英語相關資訊還是比較豐富，因此也鼓勵讀者們使用原文版的軟體，以便日後接觸更豐富的網絡資源。使用中文版介面的讀者們也不用擔心會因此而無法了解其操作方式，因為軟體每個功能的擺位以及快捷鍵都不會因介面語言而改變，所以本書還是可以提供相關幫助。

最後，非常感謝鄭琨鴻老師給予機會參與這次《影視後製全攻略》的改版工作，過程中也讓我重新認識這兩個軟體，獲益良多；本來以為大學畢業後就沒機會再與老師合作了，受到老師邀請，絕對是喜出望外，同時也再次感謝老師對我的包容。最後最後也要感謝我的家人與朋友，謝謝你們一直以來對我的支持和鼓勵；另外也再次感謝我爸爸，謝謝他願意借出一張於香港大澳漁村所拍攝的照片作本書最後一個範例的素材，希望你們也會喜歡這本書！

嚴銘浩
（Martin）

目錄
Contents

Section 1　Premiere Pro 剪輯篇

Chapter 01
Premiere Pro 工作流程

Chapter 02
剪輯技巧運用

Chapter 03
影片色調修整

Chapter 04
動態路徑與字幕

Chapter 05
遮罩與去背技巧

Section 2　After Effects 動畫篇

Chapter **10**

追蹤器 Tracker

Chapter **11**

基礎 3D Layer

Chapter **12**

After Effects 的 3D 效果應用

▼ 線上下載

本書範例素材檔請至碁峰資訊網站
`http://books.gotop.com.tw/download/ACU082900` 下載，其內容僅供
合法持有本書的讀者使用，未經授權不得抄襲、轉載或任意散佈。

Section 1
Premiere Pro 剪輯篇

Chapter 01
Premiere Pro
工作流程

Premiere Pro 是一套非線性剪輯（Non-Linear Editing）軟體，主要常用於影音後製流程中剪接的工作。所謂非線性剪輯，簡單的說就是能隨意地編修、搬移、新增、刪除任何影片素材，打破過去線性剪輯（Linear Editing）的工作方式，不必從影片開頭循序編輯，所有影片素材在時間軸上都像是一塊塊樂高積木，使用者可以任意地組合剪輯，根據自己想法產生獨一無二的影片創作。

本書以 Premiere Pro 基礎工作流程作為開場白，希望初學者先掌握非線性剪輯的工作流程，可助於未來 Premiere Pro 的學習，進一步地建立完整的基礎觀念，以邁向進階剪輯達人。

| 開啟並設定專案 | ▶ | 匯入素材 | ▶ | 開始剪輯 | ▶ | 套用轉場 | ▶ | 加入特效 | ▶ | 輸出影片 |

1.1 專案開啟與設定

Premiere Pro 在編輯過程中，會產生一些暫存檔，因此使用 Premiere Pro 之前必須先建立一個專案，如此 Premiere Pro 會將相關檔案與資料夾存放在一起，未來若有更換電腦編輯的需求時，只要將專案資料夾整個帶走即可。

1 跳過教學畫面後，在 Premiere Pro 啟動畫面上，可以選擇新增專案（New Project）或開啟專案（Open Project）。請點選「New Project」按鈕或「Create new」以新增一個專案。

2 　新增專案前，必須先設定其專案名稱（Name）與存放位置（Location），請按下
「Browse」按鈕指定專案資料夾的位置。通常我們會先新增一個空白資料夾以供指定，
由於數位影片原始檔案非常大，自高畫質錄影普及後，檔案動輒以 GB 為單位，所以，請選擇足
夠空間的硬碟分割區來存放，建議最好是與系統磁碟分開，以減少當機的機會。確定後請按下
「OK」按鈕。

3 　在 New Project 視窗中按下「OK」按鈕確定新增專案後，接著將開啟 Premiere Pro 主要
畫面。不過進去之後會是教學「Learning」版面設計，我們需要把它換成編輯「Editing」
版面，以便操作。

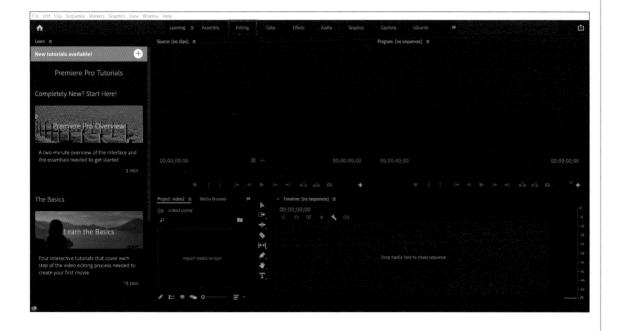

1.2 素材匯入

所有要編輯的素材，必須先被匯入到 Premiere Pro 專案中作為素材資料庫，隨時拖曳就能使用。
要從電腦硬碟匯入素材影片，主要有四種方式：

- 執行功能表「File > Import」
- 使用快速鍵「Ctrl+I」
- 在 Project 面板上按滑鼠左鍵兩下
- 在 Project 面板上按滑鼠右鍵，選擇「Import」。

1 在 Import 視窗中，打開檔案類型（All Supported Media）的下拉式選單，可以看到
Premiere Pro 支援匯入的檔案類型，基本上您可以匯入影片檔、聲音檔、圖檔或者
Premiere Pro 的專案檔…等。

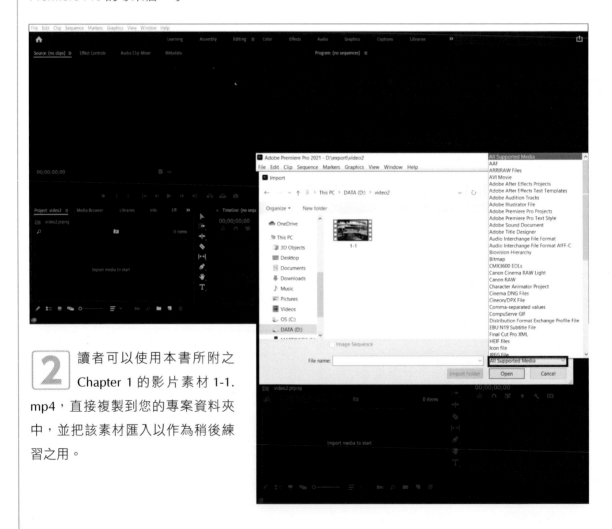

2 讀者可以使用本書所附之
Chapter 1 的影片素材 1-1.
mp4，直接複製到您的專案資料夾
中，並把該素材匯入以作為稍後練
習之用。

1.3 新增 Sequence

所謂剪輯就是將影片去蕪存菁,把不需要的畫面剪掉,或者將裁剪後的影片片段重新排列組合,而所有剪輯工作都必須在時間軸上完成。

但是在開始之前,需要先新增 Sequence。Sequence 的原意是電影裡的一個章節,而每個章節都需要「鏡頭」來組成;原理就好像利用一段一段的文字來形成章節。在 Premiere Pro 中,Sequence 也決定了最後影片所輸出的規格。

新增 Sequence 的方式可以分為兩種,第一種是讓系統自動產生適合的規格,第二種是手動新增。

自動產生 Sequence

1 當影片素材匯入後,直接把影片拖曳至右下的 Timeline 面板。

2 此時,Sequence 就會自動產生,被命名與影片一樣的名字,並出現在 Project 面板,影片的畫面與聲音也會自動匯入至 Sequence 的時間軸上。因為 Sequence 上只有剛剛被匯入的影片,因此 Project 面板上的兩個檔案在播放時會出現相同畫面,卻是兩個性質上不同的檔案。

3 但並不是要把整段影片放至 Sequence 中,所以下一步只需要按下 CTRL + Z(Undo)把影片拿掉,如此,就可以快速產生適合影片格式的 Sequence。

手動產生 Sequence

1 按下 Project 面板上的 New Item 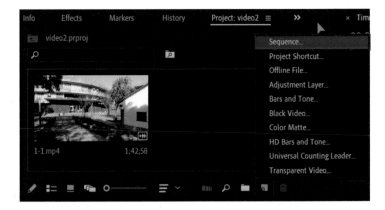 並選擇第一個選項「Sequence...」。

2 在 New Sequence 視窗中的 Sequence Presets 標籤頁可選擇各種預設的 Sequence 設定,它們都是以影片拍攝工具、幀數、編碼方式等劃分,而右邊則是各種 Preset 的描述。

因為影片素材 1-1.mp4 是 1080/60p 並以單眼錄製,沒有對應的 Preset,此時就需要至 Settings 標籤頁,自行詳細設定。針對視訊細部參數的定義,

這裡提出幾項供讀者參考：

- Pixel Aspect Ratio（像素比例）

  像素比例是指「單一個像素寬度與高度的比例」。因為影片沒有使用把寬度壓縮的 Anamorphic 鏡頭進行拍攝，所以維持 1:1 的像素比例。

- Field（圖場）

  目前主流的拍攝及播放都是以數位方式循序掃瞄的方式來顯示影像，因此沒有圖場之分，屬於 No Fields(Progressive Scan)。

- Display Format

  動畫和電視工程師協會 SMPTE（Society of Motion Picture and Television Engineers）使用的時間碼標準格式是「小時；分鐘；秒；影格」，每秒為 30 個影格（30fps），根據電影、錄影和電視工業中使用的影格速率的不同，各有其對應的 SMPTE 標準。不過由於 NTSC 電視系統實際使用的影格速率是 29.97fps，而不是 30fps，因此在 NTSC 電視系統的實際播放時間與時間碼之間會有 0.1% 的誤差。為了解決這個誤差問題，設計出丟影格（drop-frame）的影片格式，也就是在播放時每分鐘要丟掉 2 個影格（實際上是有兩影格不顯示，而不是從檔案中刪除），這樣就能保證實際播放時間與時間碼的一致。與丟影格格式對應的是不丟畫格（Non drop-frame）格式，它忽略了實際播放時間與時間碼之間的誤差。因為影片素材 1-1.mp4 是以 60fps 的 drop-frame 格式拍攝，為了讓輸出也有一樣的幀數，就選用了 59.94 fps Drop-Frame Timecode。

3 完成 Sequence 新增後，我們會發現 Project 面板上會新增一個名為 Sequence 01 的
Sequence，同時 Timeline 面板上會出現 Sequence 01 的時間軸。

1.4 剪輯方式

Premiere Pro 基本的剪輯方式有兩種：一、利用 Source 監看面板修剪影片；二、在時間軸上直接
修剪影片，下面將分別介紹兩種方式。

利用 Source 監看面板修剪影片

1 回到 Project 面板，在準備編輯的影片素材上點滑鼠左鍵兩下，接著該影片就會在 Source
面板被開啟。

2 拖曳時間指針 ▇ 到您要修剪的起始點，按下 Mark In ▐ 按鈕設定 In 點，快速鍵為「I」。

3 拖曳時間指針 ▉ 到您要修剪的結束點，按下 Mark Out ▊ 按鈕設定 Out 點，快速鍵為「O」。

4 設定了裁剪範圍的 In/Out 點，即可使用 Source 監看面板上的 Insert ▛ 、Overlay ▛ 按鈕，將準備裁剪的影片放到時間軸。

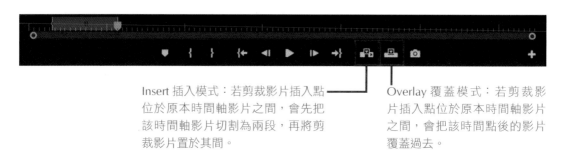

Insert 插入模式：若剪裁影片插入點位於原本時間軸影片之間，會先把該時間軸影片切割為兩段，再將剪裁影片置於其間。

Overlay 覆蓋模式：若剪裁影片插入點位於原本時間軸影片之間，會把該時間點後的影片覆蓋過去。

5 如果只想插入影片畫面，請直接拖曳 ▣ 按鈕至時間軸上；或只插入影片中的聲音，請直接拖曳 ▥ 按鈕至時間軸上。

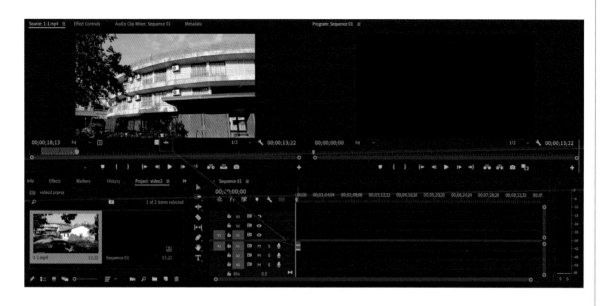

6 在時間軸上插入剪裁的影片後，可拖曳調整時間軸下方橫向捲軸兩端的顯示比例控制器；捲軸愈短，時間軸為放大顯示（快速鍵為 = ）、捲軸愈長，時間軸為縮小顯示（快速鍵為 - ）。

放大顯示

縮小顯示

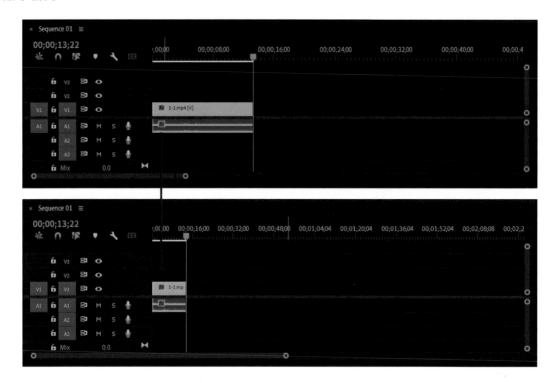

7 若想再剪裁另一段影片到時間軸上,只需重複前面 In/Out 點的設定,並確定時間軸上指針的位置,直接按下 Insert 按鈕,即可插入另一段剪裁影片。

Source 剪輯監看面板　　　　　　　　　　　　　　Program 輸出監看面板

時間軸上的兩個剪輯影片片段

在時間軸上直接修剪影片

1 在時間軸上直接修剪影片應該是最直覺的剪輯方式,請您先將影片素材拖曳到時間軸上。

2 拖曳調整時間軸下方橫向捲軸的端點,調整時間軸顯示比例至適當顯示大小;在沒有使用剪輯工具之前,您可以試著將滑鼠移到影片片段的開頭或結尾處,直接拖曳改變其長度,即可剪裁影片。下面以修剪影片後半部為例:

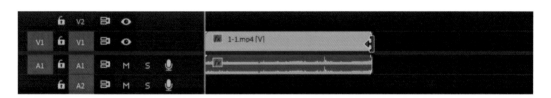

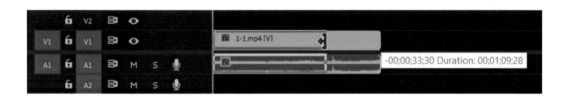

3 若想刪除影片中間的某部分內容,先移動時間軸指針,找到您想刪除的起始與結束點(可以使用左、右鍵做一幀畫面微調)。您可以執行功能表「Sequence > Add Edit」,快速鍵為「Ctrl + K」進行影片裁剪;或者,您也可以使用時間軸左方的工具面板組之 Razor Tool ◆ ,靠近時間軸指針直接按一下滑鼠左鍵即可裁剪。

4 切割完畢之後，請記得切換為 Selection Tool ▶，才能夠選取被切割的影片片段。

5 進一步使用鍵盤「DEL」將它刪除。

6 影片被切割成兩個片段後，直接使用拖曳方式將兩段影片接合起來。

綜合以上，Premiere Pro 時間軸上的影片片段都能被隨意地移動與接合，要裁剪影片除了直接改變片段的長度之外，通常使用 Razor Tool ◆ 就能處理大部分的剪輯工作。

1.5 轉場方式

影片剪輯中，兩個影片片段之間的過渡或轉換，叫做轉場。轉場可以增加影片的豐富性，使用適合的轉場效果，也能夠加強營造影片的氣氛，強化溝通訊息。轉場可以套用在兩種狀況下：一、兩段影片切換時；二、單一影片片段之開頭或結尾處。

使用轉場前，請先切換至 Effects 面板「Window > Effects」；打開 Video Transition 資料夾可以檢視 3D Motion、Dissolve、Iris…等轉場效果分類，個別轉場效果分別置放於不同的類別下層。

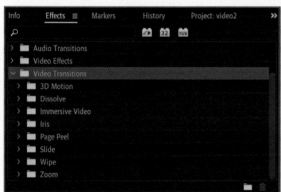

兩段影片切換時的轉場

1. 選擇您決定使用的轉場效果，直接拖曳至時間軸的兩個影片片段之間，即可完成轉場的套用。或者，您可以將時間指針靠近兩個影片片段之間，執行功能表「Sequence > Apply Video Transition」，快速鍵為「Ctrl + D」，也可快速完成轉場套用。另外，若您要同時套用轉場到多個影片段落上，請全選所有時間軸上的影片片段，再執行功能表「Sequence > Apply Default Transitions to Selection」。

2 使用 Apply Video Transition 功能套用的是預設轉場，一般來説，預設效果為 Cross Dissolve。如果想更換預設轉場的設定，請在您要更改的轉場名稱上按滑鼠右鍵，選擇「Set Selected as Default Transition」即可，完成更改後效果的 Logo 將有藍色外框作標示。

3 轉場套用完成後，拖動時間軸指針指向轉場效果時，可以在 Program 輸出監看面板預覽即時的轉場效果。

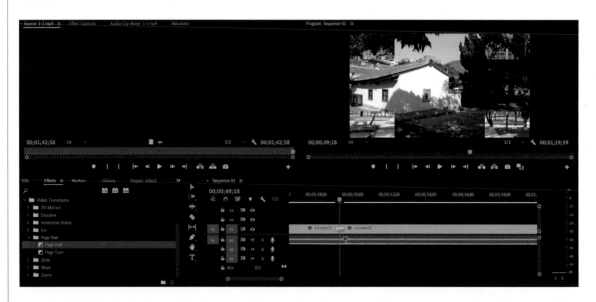

4 單擊滑鼠左鍵，選擇已被套用的轉場效果，可以在「Window > Effect Controls」面板進行該轉場效果的細部參數設定，而每個轉場效果都有各自不同的細部參數設定。下圖以 Cross Dissolve 參數設定為例。

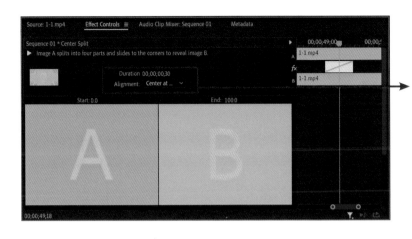

Duration：轉場時間長度；預設值為 30 格；可透過在數值上拖動以改變長度。

Alignment：轉場在兩段影片之間套用的位置；預設值為 Center at Cut（片段切口的正中間）。

單一影片片段之開頭或結尾處轉場

1 選擇您決定使用的轉場效果，直接拖曳至時間軸的影片片段開頭處，即可完成轉場套用。

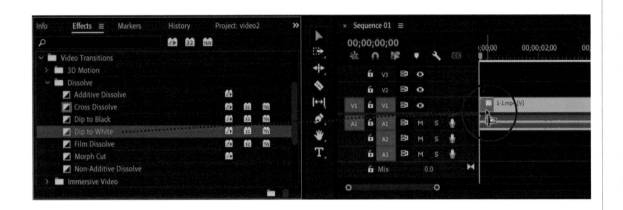

2 或者拖曳您決定使用的轉場效果至影片片段結尾處，也可完成轉場套用。

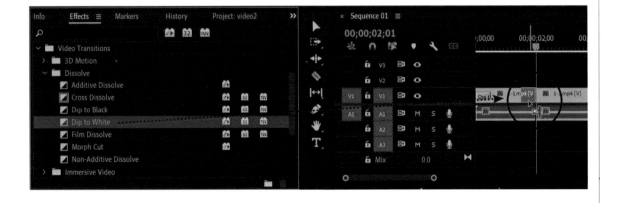

3 使用 Dip to Black 的轉場效果在影片開頭或結尾，可以輕鬆地製作黑色畫面的淡入與淡出，通常要製作相同的效果，是利用影片或黑色塊的透明度調整來完成，因此，時間軸若不是十分複雜的素材編輯，建議使用 Dip to Black 的轉場效果來製作黑色畫面的淡入與淡出。

調整影片透明度 (Fade in/out)

1 先把 V1、V2 的時間軸拉高以方便後續調整，然後在 Timeline Display Settings 🔧 點選 Show Video Keyframes，時間軸上影片片段就會出現一條白色直線，預設的拉動選項為 Opacity。因此，修改影片片段的透明度 (Opacity) 十分容易，藉由直接上下拉動該白色線條，即可調整整支影片片段的透明度。

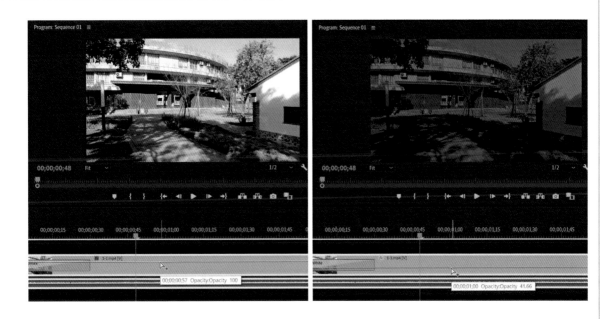

2 以原範例為例，時間軸上有兩支剪輯好的影片片段，拖拉後段影片至 Video2 的時間軸上放開，讓兩部影片有一秒鐘的重疊時間。（操作上，在影音雙軌同步連動情況下，筆者習慣先把影片的音軌往下拉至 Audio2，以免其他片段的音軌被覆蓋。）

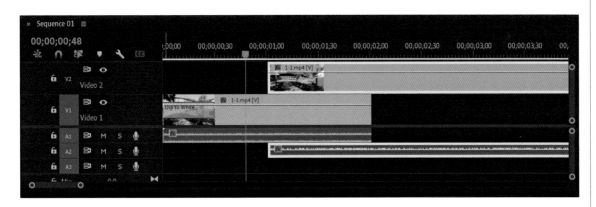

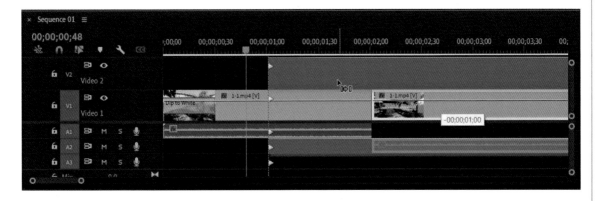

3 預覽 Program 輸出監看面板，Video 2 影像完全覆蓋時間重疊的 Video 1 影片，由此可知，不同層的時間軸類似圖層概念，上層的影片會覆蓋下層的影片。因此，只要把兩支影片放在不同的「圖層」，透過調整兩支影片片段之間的透明度，就可以做出電影轉場中的溶接 (Dissolve) 效果。此時選用工具面板組之 Pen Tool 📝。在 Video 1 片段結束前的時間點上，於 Video 2 片段上的透明度控制線上加入錨點。

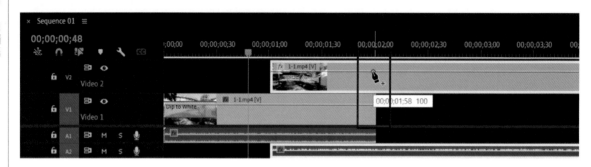

4 然後在 Video 2 片段開始時加入另一個錨點，並往下拉，讓其透明度於影片開始時調成 0。Video 2 就會慢慢淡入至 Video 1，並在其結束播放前完全覆蓋畫面。

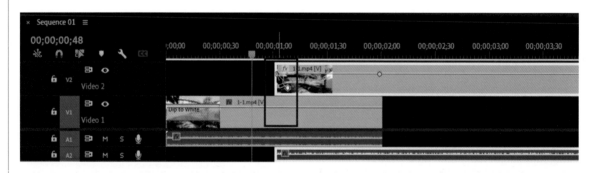

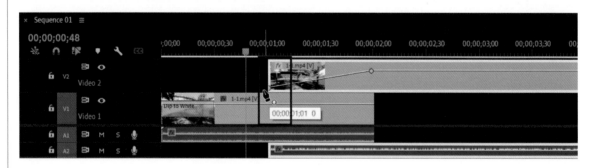

1.6 加入特效

特效的使用將直接改變影片畫面的呈現效果，例如調整影片色調、扭曲影片畫面、影片模糊效果、增加特殊光暈…等，這些影片特效套用後可以即時顯示結果，不適合的特效也可隨時移除。影片特效與轉場的套用雖然簡單，但是必須視影片內容而謹慎使用，否則再炫麗奇幻的效果都無法呈現其價值。要知道的是，影片內容才是故事概念的主軸，特效與轉場都只是輔助影片更切實地傳達訊息，千萬別反客為主。

1 要使用特效之前，請先切換至 Effects 面板，打開 Video Effects 資料夾可以看見 Adjust、Blur & Sharpen、Channel…等影片特效分類，個別影片特效分別置放於不同的類別下層。

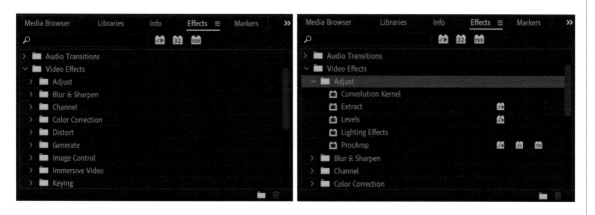

2 影片特效的套用與轉場套用方法一樣，只要選擇您決定使用的影片特效，直接拖曳至時間軸的影片片段上面，即可完成特效的套用。

3 選擇已經套用特效的影片片段，切換至 Effect Controls 面板，在 Video Effects 項目下可以看見新增的特效，而各個特效都有不同的細部參數設定，以 Warp Stabilizer（數位穩定）為例，您可以調整 Smoothness（搖晃修正度）、Method（修正方式）…等。

4 要調整特效細部參數,第一、可以直接用滑鼠左鍵點參數值去更改內容;第二、滑鼠移到參數值上方,當游標變成  時,按著滑鼠左鍵左右移動即可調整數值。如果該效果不需要另外計算的話,在右邊的 Program 監看面板可以即時預覽不同參數值的結果。

5 另外,時間軸上已經套用特效的影片片段,在時間碼刻度上會出現紅色的線條,表示該影片片段的特效還沒有經過 Render(算圖)的動作,預覽播放時可能無法完整呈現特效效果。

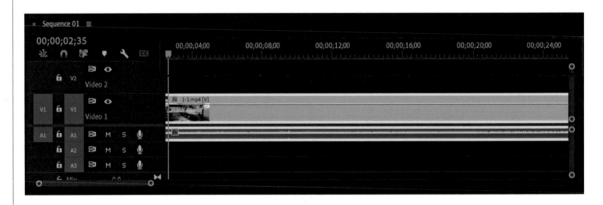

6 從 3D(空間)模型產生 2D(平面)圖片的過程叫做 Render,中文可以翻譯為「算圖」。利用 3D 軟體建模型、上材質、加燈光、架攝影機、設關鍵影格之後,要產生單張圖片或連續影片,必須將以上的設定經過運算生成真正的結果畫面,通常是藉由 Render Engine(算圖引擎)來完成這個工作。Render 不只應用於 3D 動畫的製作,提供特效使用的影音後製軟體,例如 Premiere Pro、After Effects,在影片輸出的過程中,經過 Render 才能將特效或轉場真正合成在影片上。

7 若讓影片片段先經過 Render 的動作,監看畫面的播放將會十分順暢,因為 Premiere Pro 已經為我們將已套用特效的影片片段運算輸出,並存放在專案資料夾的暫存區中,因此播放該影片片段 CPU 將不用做即時的特效運算,影片預覽當然就會流暢許多。想要 Render 該影片片段只要按下鍵盤「Enter」即可,畫面會彈跳出一個 Rendering Process 視窗,顯示目前 Render 的進度。

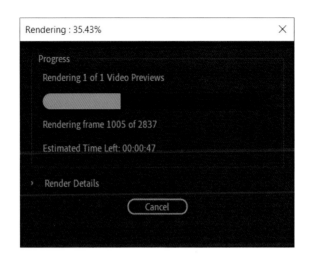

8 Render 完成的影片片段，在時間碼刻度上會出現綠色線條代表可以提供即時全畫質回放。

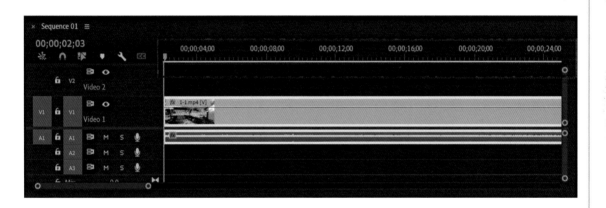

9 套用特效後若想取消使用，請切換至 Effect Controls 面板，單擊選取套用在 Video Effects 項目的影片特效，按下鍵盤「DEL」刪除即可。

1.7 聲音調整

在時間軸上調整音量

1 為了方便調整，我們需要先把時間軸上的音軌拉高，以方便調整，然後時間軸上聲音片段就會出現一條白色直線。

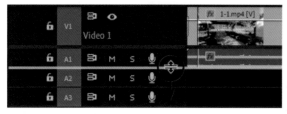 

2 只要把線往上推，音訊就會進行放大（最高 15.0 dB），聲音就變大；反之，往下拉音訊就會被衰減，聲音就會變小。

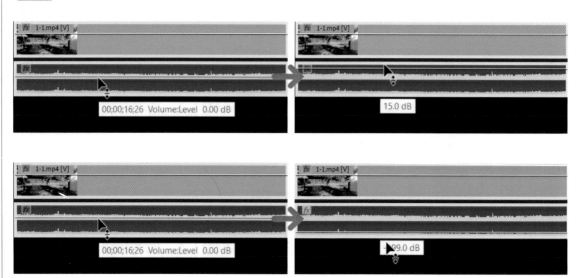

在 Effect Controls 面板上調整音量

1 除了利用時間軸上,我們也可以透過片段的 Effect Controls 面板調整音量,先點選需要調整聲音的片段,然後至 Effect Controls 面板中 Volume 選單。先按下 Level 左方 Toggle Animation 按鈕,以取消其 Keyframe 功能。如此透過調整 Level 參數,即可調整片段的整體音量。

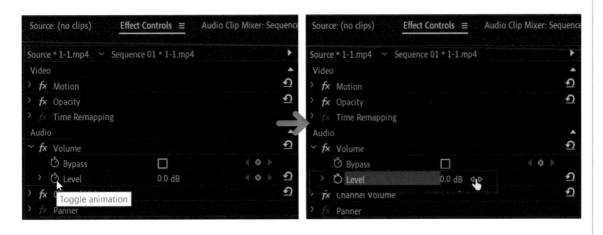

2 如果在調整後還是覺得聲音不夠大的話,可以多套用一次 Volume 特效至該片段,再調整其 dB 值,把音訊再次放大。Volume 音量特效位於 Audio Effects 清單中。

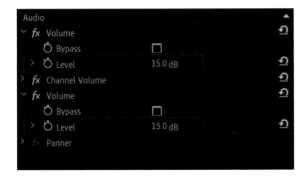

淡入、淡出音量 (Fade in/out)

聲音轉場也是影片整體素質的重要一環，我們可以利用「Audio Transition ＞ Crossfade ＞ Constant Power」特效。只要把它放在音軸的起始，聲音就會進行淡入；放在末端，聲音就會進行淡出；放在兩個聲音片段中間，就可以讓它們溶接，讓聲音轉場變得更順暢。

1.8 影片輸出

剪輯完成的所有影片素材，必須經過 Export（輸出）才算真正完成影片編輯工作。Premiere Pro CC 將影片類的輸出格式整合在一個視窗中，本書以最常使用的輸出各類型影片格式為例，以下將分別說明之。

Media

1 請先確定 Timeline（時間軸）面板為被選取的狀態（面板邊框為藍色），再執行功能表「File > Export > Media」（快速鍵為 Ctrl + M）。在 Export Settings 的視窗中，點開 Format 下拉式選單可看見所有能夠輸出的影片格式。

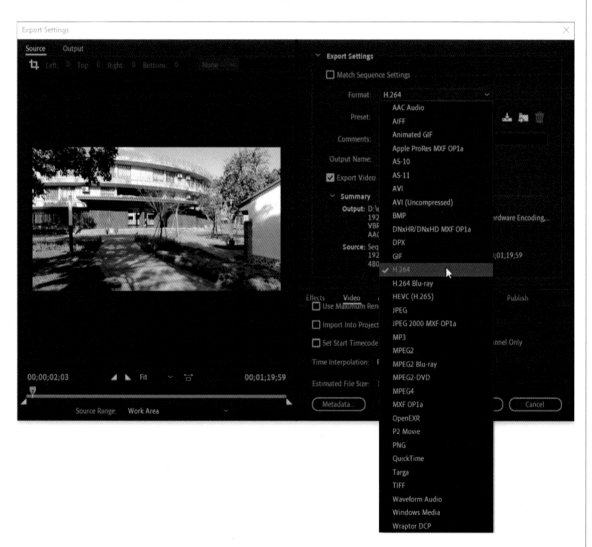

確定影片格式之後,點開 Preset 下拉
式選單可以選擇影片的壓縮畫質。

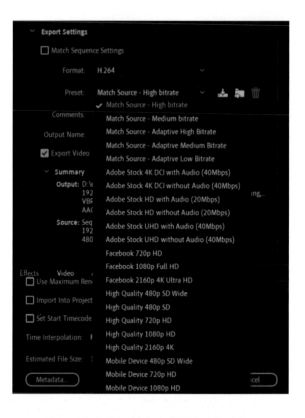

輸出的 Range(範圍)有三種選擇:
Entire Sequence、Sequence In/Out
與 Work Area。Entire Sequence 是將時間軸
上所有素材全部輸出,Sequence In/Out 是輸
出您在時間軸上特別標記的 In/Out 點之間的
範圍,而 Work Area 則輸出時間軸上標示的
Work Area(工作區)範圍內容。

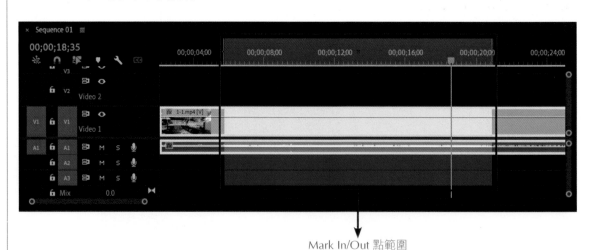

Mark In/Out 點範圍

如果 Work Area Bar 沒有被打開的話,可至 Timeline 選單勾選。

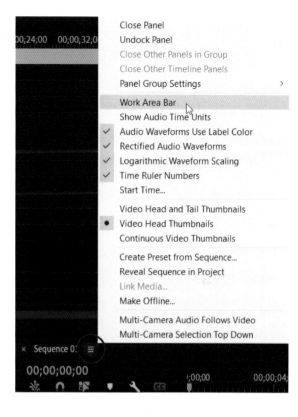

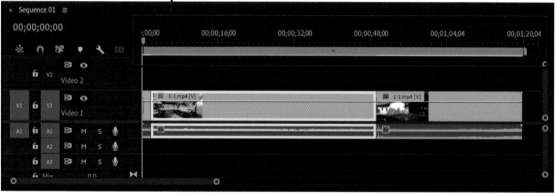

Work Area Bar

下面分別簡要說明各種影音格式:

- AAC Audio

  僅輸出 AAC 格式音訊檔,AAC 的全名為 Advanced Audio Coding,是國際標準組織 ISO 制訂的音訊標準格式,也是 MPEG-2 音訊編碼技術的一部分。其與 MP3 和 WMA 都具備高壓縮比並保留良好音質的特性,使用 AAC 可大幅縮短傳輸時間與降低檔案空間大小。

- AIFF

  AIFF 是蘋果電腦平台上的標準音訊格式,屬於 QuickTime 技術的一部分。AIFF 是一種無壓縮的音訊格式,其角色相當於 Windows 平台上的 WAV 檔案格式,副檔名為 AIF 或 AIFF。

- Animated GIF

  可以輸出成 GIF 動畫，不過該 GIF 播放時速度稍慢，且流暢度會被降低，聲音也會被消除。

- Apple ProRes MXF OP1a、DNxHR/DNxHD MXF OP1a、MXF OP1a、JPEG 2000 MXF OP1a、AS-10、AS-11 輸出影片副檔名為 .mfx 是電視台常用的格式，Apple ProRes、DNxHR/DNxHD 等為不同的編碼方式。

- AVI

  AVI 是 Audio Video Interactive 的縮寫，意指音訊與視訊同時儲存在一個檔案中。AVI 是由微軟所提出來的 Microsoft Video 影片檔案，也是在作業系統中普遍被應用的格式之一。

- AVI (Uncompressed)

  輸出無壓縮的 AVI 影片檔，其檔案所需空間十分龐大，但是畫質則完全無損。

- BMP

  可以輸出連續的 BMP 圖檔，其檔名會以連續序號來命名。每 1 個影格將輸出 1 張 BMP 圖片，以 1 分鐘的影片（30fps）為例，將會輸出 1800 張圖片，由於圖片數量較多，請在輸出前指定另外的資料夾來存放。

- DPX

  DPX 是一種數位影像交換（Digital Picture Exchange）格式，可輸出連續 DPX 圖檔，檔案容量十分龐大（單張圖片動輒 10mb 以上），通常作為電影製作之用途。

- GIF

  與 Animated GIF 不同，這裡輸出的是 GIF 連續圖檔。

- H.264

  輸出影片副檔名為 MP4，可以用於手機、iPod 或行動裝置平台上影片的播放與傳輸，另外也提供 TiVo、Vimeo 以及 YouTube 等網路影片分享平台的預設影片格式，讓有特殊需求的使用者能更快速完成影片的輸出。

- H.264 Blu-ray

  輸出影片副檔名為 M4V，支援藍光光碟影片格式。

- HEVC（H.265）

  全名為高效率視訊編碼（High Efficiency Video Coding），提供比 H.264 更高的壓縮率，最高支援 8K HDR 畫質。

- JPEG

  可以輸出成單一張或連續 JPG 圖檔。

- MP3

  可以將時間軸音訊單獨輸出為 MP3 聲音檔。

- MPEG2

  輸出影片副檔名為 MPG，壓縮格式為 MPEG-2，在畫質上可以選擇 HDTV 或 NTSC DV 來進行壓縮。使用者若要使用輸出的 MPEG-2 影片來燒錄 DVD 光碟，以 NERO 為例，只要在燒錄軟體上開啟 DVD 專案，再將輸出之 MPG 影片直接拖曳至燒錄軟體中，即可製成 DVD 光碟。

- MPEG2 Blu-ray

  輸出影片副檔名為 MPG，壓縮格式為 MPEG-2，支援藍光格式影片。

- MPEG2-DVD

  預設值會輸出影音分離的兩個檔案：M2V（視訊）與 WAV（音訊）。若在 Multiplexer 標籤頁上選擇 DVD，則會將 M2V 與 WAV 合併為一個 MPG 的影片檔。

- MPEG4

  輸出影片副檔名為 3GP，主要用途為手機影片格式。

- OpenEXR

  提供高動態範圍、支援無損壓縮方式。

- P2 Movie

  輸出 MXF 格式檔，MXF 是英文 Material Exchange Format（文件交換格式）的縮寫。MXF 設計來滿足當前絕大多數的媒體格式交換需求，以期望媒體在不同的軟體與平台上交換。

- PNG

  可以輸出成單一張或連續 PNG 圖檔。PNG 圖檔可支援透明背景。

- QuickTime

  輸出的影片格式為 MOV。

- Targa

  可以輸出 TGA 連續圖檔，其可支援 Alpha Channel。

- TIFF

  可以輸出 TIF 連續圖檔，與 TGA 一樣都可支援 Alpha Channel。

- Waveform Audio

  可以輸出 WAV 的聲音檔。

- Windows Media

  輸出影片副檔名為 WMV，可以設定不同的壓縮位元速率。

- Wraptor DCP

  產生 DCP（Digital Cinema Package）檔案供數位電影院播放，支援 2K 畫質以及 5.1 聲道。

Chapter 02
剪輯技巧運用

了解 Premiere Pro 剪輯的基本流程後，接下來會介紹一些剪輯小技巧，讓大家在創作上可以更富彈性。特別是目前手機、數位相機、空拍機普及的年代，拍攝除了變得簡單，影片規格更是多元：「HD」（eg.1920 x 1080）或「4K」（eg.3840 × 2160）已成為新產品的標準；幀數（FPS，Frame Per Second）也有所提升，像 60P 拍攝規格也非常普及。面對更高規格的影片素材，如果輸出時只把它壓縮成最常見的 HD 規格，其實有點浪費。因此本章的重點會在於如何活用這些素材，讓創作變得更靈活。

2.1　活用超高畫質素材

超高畫質（Ultra HD，Ultra-High Definition）顧名思義就是比「高畫質」（HD，High-Definition）更高的畫質，目前不論是「4K」還是「8K」都可以被稱作「超高畫質」。而實際上「4K」或「8K」也是好幾種規格的統稱，他們在長寬比跟像素上都會有些微差別。以「4K UHD」為例，它本身擁有 3840 x 2160 像素，是「FHD」（1920 x 1080）的 4 倍，因此利用 4K 素材輸出 FHD 影片時，就算把素材放大一倍也不會對畫質造成影響。有了這個「數位放大」特性，後製的彈性就可以變大，除了直接放大，還可以上下左右移動，把畫面重新構圖，也不用犧牲畫質。

利用 4K 素材重新構圖

接下來會利用 Chapter 2 影片素材 2-1.mp4 為例，把 4K 素材重構圖。

1　首先，需要手動新增一個 Sequence。因為目標所輸出的影片只有 1920 x 1080，以 Premiere Pro 的邏輯來說，素材與輸出影片的畫質並不對等，所以無法使用自動產生 Sequence 的方法。

2 先 按 New Item > Sequence，再選擇 DSLR 1080p30 為 Sequence 格式。

3 然後把素材 2-1. mp4 放進去。

4 此時 Premiere Pro 會出現警告，但只要按 Keep existing settings 就好。

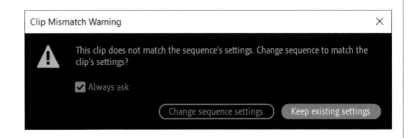

5 把 DCI 4K（4096 × 2160）的素材 2-1.mp4 匯入至 Sequence 後，就會發現影片會被自動「放大」。這是因為素材像素與 Sequence 像素是等比例 1：1 的，代表輸出畫面只有 4096 × 2160 中一塊 1920 x 1080 的畫面，因此素材就會被自動「放大」。

左側為顯示素材的 Source 面板，右側為顯示輸出畫面的 Program 面板

畫面比例示意圖

6 點一下 Sequence 上的片段並開啟左上方 Effect Controls 面板，在 Motion 選單中，有 Position（位置）及 Scale（比例）兩個選項讓我們把畫面重新構圖。

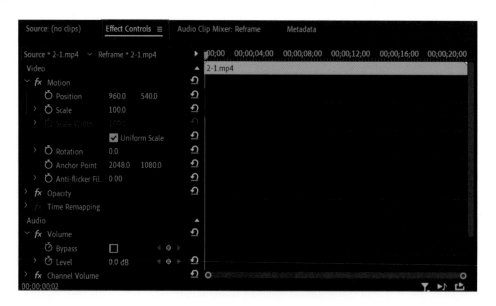

7 Position 為素材畫面「錨點」（預設為素材中心點）落在 Sequence 畫面的座標，預設值（960，540）：是 X 軸（左至右共 1920 像素）、Y 軸（上至下 1080 像素）的一半。因此，Premiere Pro 會預設素材畫面落在輸出畫面的中心點。透過滑動 X、Y 軸座標，或直接輸入座標位置，就可以調整「錨點」位置。當中 X 軸是從左到右，所以其數值越大，素材位置就會越往右，反之亦然；Y 軸是從上到下，所以其數值越大，就越往下，反之亦然。

預設位置

把 X 軸數值拉大，素材往右移動，輸出畫面就會往左

把 Y 軸數值拉大，素材往下移動，輸出畫面就會往上

如果要把設定值改回預設值的話，按一下 Reset Parameter 🔄 即可。

8 把 Project 面板放大率調至 10%，再點一下「Motion」以顯示素材外框，即可看見兩者的位置與比例：

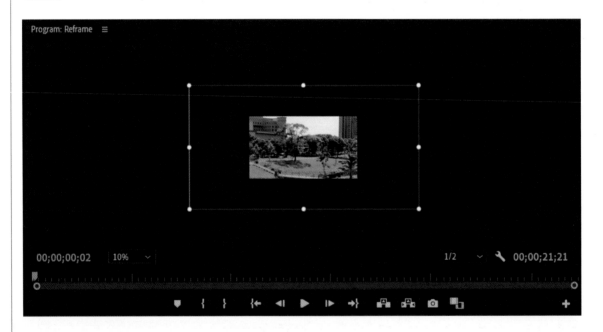

9 Scale 為素材的放大率，以「原檔」為基準，滑動 Scale 旁邊數值即可調整，預設值為 100（也代表「原檔」與「調整後」的比例為 1：1）。因為素材 2-1.mp4 的格式為 DCI 4K（4096 x 2160）比例上會比 FHD（1920 x 1080）寬，為縮小至輸出畫面的高度，就要把它縮小至原來的 50%，把 Scale 設為 50，原檔高度 2160 像素就會變成 1080 像素。此時，素材影片也會被壓縮成 2048 的寬度，所以 X 軸還會有 128 像素做調整空間。

另外，影片長寬也預設為鎖定，需要解鎖的話，取消勾選 Scale 底下的 Uniform Scale 即可。

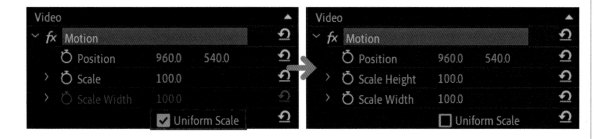

此時「Scale」就會拆成 Scale Height（高度比例）與 Scale Width（寬度比例）就可以獨立設定他們的比例。

加入「關鍵影格」

當素材重新構圖後，不難發現在畫面外可能會騰出不少「空間」，我們也可以把這些「空間」加以利用並加入「關鍵影格」，為這些畫面重新加入簡單的鏡頭運動，像：上、下、左、右及縮放，讓畫面變得更生動。

1 先點一下 Sequence 上的片段並開啟左上方 Effect Controls 面板，然後利用右側的「時間軸」進行操作。Effects Controls 面板中的時間軸是被點選片段所專用，方便各種效果與時間之間的操作。透過面板中時間指針  的拖曳，可以直接從 Program 面板進行預覽。按下鍵盤上的空白鍵，影片即會從指針的時間點開始播放。

2 假設把影片的放大率設為 75，然後畫面從中間移動到右側。

3 先設定 Motion 各項參數，然後按下他們前方的 Toggle animation，此時按鍵會變成藍色，時間軸上對應的位置也會出現方塊，代表關鍵影格已被加入。

4 然後把時間指針拖曳至影片結束的部分，再把 X 軸座標設為 381。因為畫面往右移動時，「錨點」的部分就需要往左，所以 X 軸的座標就會變小。

5 把時間指針拖曳至影片開始的部分再按下空白鍵即可進行預覽。

2.2 影片變速應用

社群媒體上許多短片都會以速度變化來吸引目光，像是快慢動作、倒帶、定格、縮時，這些效果都可以讓影片內容變得更豐富。雖然利用手機 APP 很多時候都可以在拍攝後直接進行調整，但 Premiere Pro 則可以提供更細緻的設定。

快慢與倒帶動作

1 先新增一個規格為 DSLR 1080p30 的 Sequence 再匯入素材 1-1.mp4，因為素材 1-1.mp4 是以 60p 拍攝，所以 Premiere Pro 會因為規格不符而出現警告，但只要按 Keep existing settings 就可以。

2 點選片段並按滑鼠右鍵，選擇 Speed/Duration

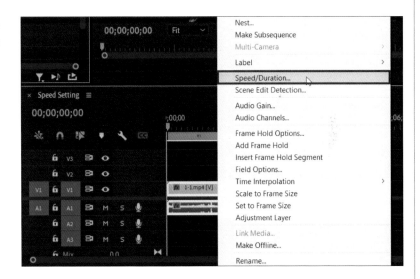

3 此時，Clip Speed / Duration 視窗就會出現，「Speed」可以更改速度百分比，假設要放慢一倍，就需要把它設為 50%；加速一倍的話，則是 200%。因為素材是以 60P 拍攝，縱使把影片放慢一倍，輸出至 30P 的影片時畫面還是可以順暢地播放。完成設定後按 Enter 即可。

4 除了利用「Speed」更改速度,還可以利用「Duration」設定片段的長度,Premiere Pro 會根據其設定自動更改速度百分比,達至改變速度的目的。

如果需要倒帶,在「Reverse Speed」那邊打勾即可。

把時間指針  拖曳至影片開始的部分,再按下空白鍵即可進行預覽。

5 但如果手上只有 30P 的素材,卻要輸出成 60P 的影片,可以怎麼做呢?這次以素材 2-2.mp4 為例,先利用素材複製出新 Sequence,再至 Sequence > Sequence Settings,將 Timebase 更改為 59.94 frame/second,完成後就可以把輸出的影片更改為 60P。

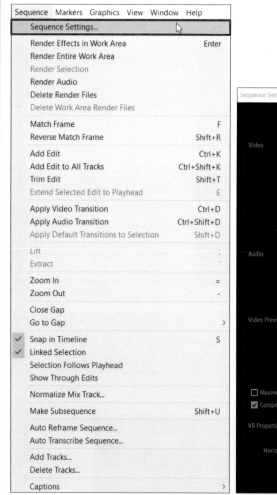

雖然操作十分簡單,不過 Premiere Pro 是如何另外產生 30 幀畫面呢?

1 先點選時間軸上的 2-2.mp4，再開啟 Clip Speed / Duration 視窗，然後把 Speed 更改為 50%，讓後續的效果更明顯。

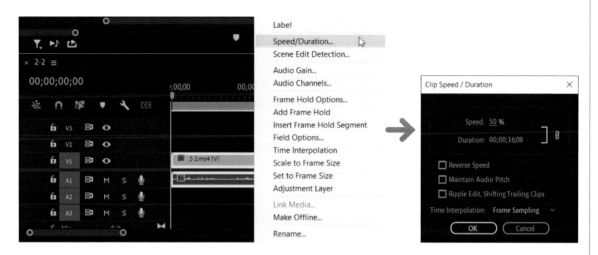

2 按 Space 進行預覽後可以發現畫面卡卡的。因此，接下要介紹的是 Clip Speed / Duration 視窗中的 Interpolation，其預設值為：Frame Sampling，代表 30P 到 60P 的過程中，空白畫面的「取樣」方式為複製前一幀畫面，而這就是畫面卡卡的成因。

3 下一步，是把 Interpolation 改為 Frame Blending，也可以透過點選時間軸上的 2-2.mp4 再按右鍵進行更改。

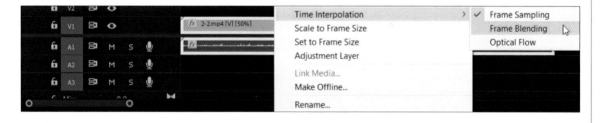

4 按 Enter 進行算圖後，就可以看到畫面出現了動態模糊，那是因為中間空白畫面的「取樣」方式為結合前後兩幀畫面再運算出新的畫面。

如需要模擬使用 60P 拍攝的畫面，則需要使用最後一個 Time Interpolation 方式：Optical Flow。

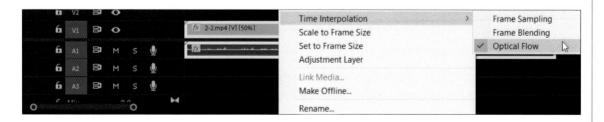

因為中間空白畫面的「取樣」方式為分析前後兩幀畫面再運算出新的畫面。按 Enter 進行算圖後，就可以看到畫面的流暢度有所提升。

定格

「定格」效果，是讓影片在播放時停在某一個畫面。因為影片的播放原就是把數十幀畫面在一秒內播放，來製造動態的錯覺，所以「定格」的原理就是把影片中一幀畫面的時間拉長：從本身只出現少於一秒，變成出現幾秒，達至停留的狀態。

1 以上一章的 Sequence 01 為例，首先，利用時間軸上時間指針及鍵盤上的「左」、「右」鍵選定一幀需要被定格的畫面，然後按下 Export Frame 📷 或快捷鍵（Ctrl＋Shift＋E）。Export Frame 的視窗彈出後，確定檔名、格式與位置後，更重要的是勾選 Import into project，讓輸出的畫面直接匯入至專案。確定後按下 OK，Project 面板就會出現新照片素材。

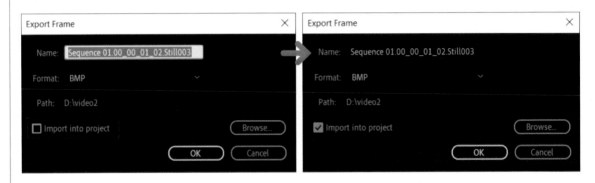

2 接下來就是需要用 Razor Tool 🔪 在時間指針目前停留的時間上切一刀，Razor Tool 的快捷鍵為 C。

③ 然後利用 Track Select Forward Tool 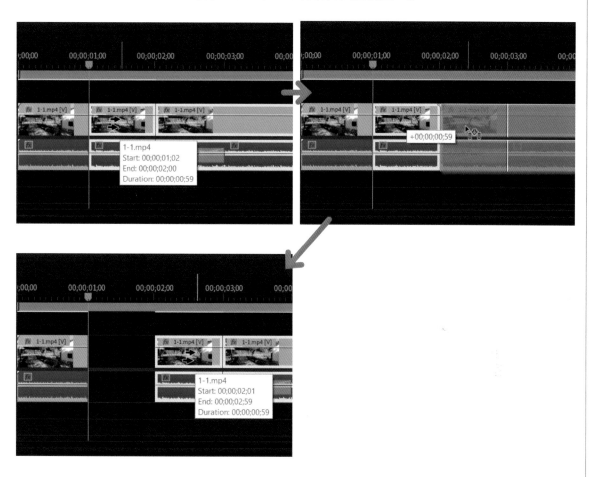 把時間軸後方的素材搬開。Track Select Forward Tool 的快捷鍵為 A。把遊標放在時間軸後方的素材上，再往後拖曳，騰出的空間會代表「定格」持續的時間。假設「定格」持續 1 秒，素材就需要往後拉 1 秒。

④ 下一步就是要把剛剛截下來的照片素材拖曳至時間軸的 Video 2 上，而起始點則放在 Video 1 缺口開始之處，方便後續的時間調整。

因為 Premiere Pro 在匯入照片時會預設它持續 5 秒,所以下一步就要把它的時間縮短至 1 秒。

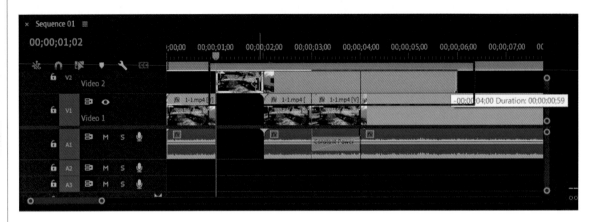

把時間指針 拖曳至影片開始的部分,再按下空白鍵即可進行預覽。

2.3 利用 Sequence 分段剪編

如需要為一部總時間比較長的影片做剪輯，創作者可以分段進行剪輯。影片的每一章都利用一個獨立的 Sequence 進行剪輯，然後，再開啟一個「總 Sequence」並匯入其他所有 Sequence，以組成一部完整的影片。如此工作流程除了讓剪輯過程更統整，也可以減少電腦的負荷。

從 Project 面板中可以看到，每當新增一個 Sequence，它都會成為一個「新素材」，而它們在面板中都是沒有副檔名，同時有不一樣的圖示。

影片原檔　　　　　　　　　Sequence

1 在新增「總 Sequence」時，注意格式要跟其他章節的 Sequence 一致。匯入過程非常簡單與匯入其他素材的方式一樣：只要把 Project 面板中的 Sequence 拖曳至時間軸即可。

2 萬一「總 Sequence」設定錯誤，其他 Sequence 在匯入時 Premiere Pro 出現警告的話，選擇「Change sequence settings」即可。

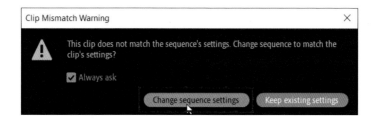

2.4 Proxy 工作流程

當處理高畫質、檔案比較大的素材，電腦負荷也會變重，若是操作 Premiere Pro 時，可能會變得不順甚至當機，剪輯也無法提供即時預覽，變成創作者的哀歌。

此時，就可以使用「Proxy 工作流程」。

「Proxy」有代理的意思，當啟用這個工作流程，Premiere Pro 會先把所有已匯入的素材壓縮並產生「代理檔案」，減少電腦在剪輯過程中的負荷，並提供更流暢預覽畫面，當剪輯完畢、影片輸出時，Premiere Pro 會拿原檔素材做運算，因此影片成品的畫質不會受到影響。

「代理檔案」及其工作流程只針對創作者的剪輯操作過程，原檔及素材在過程並不會造成任何傷害。

在開啟專案時進行 Proxy 工作流程設定

1 在開啟新專案的時候，先點選下方的 Ingest Settings 面板。

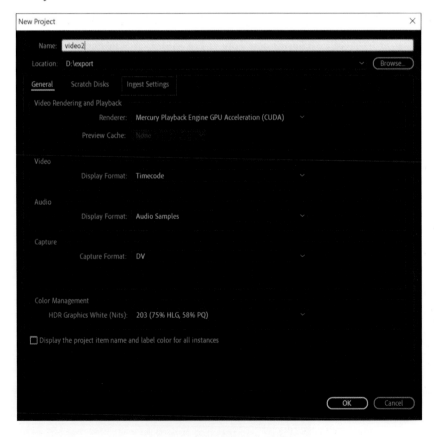

2 此時，勾選 Ingest 並進行下一步設定。

3 然後在 Ingest 右側的下拉式選單中選擇 Create Proxies 或 Copy and Create Proxies，選擇 Copy and Create Proxies 的話，原檔還會預設被複製到專案的資料夾（可以透過下方的 Primary Destination 進行設定）。

4 接下來需要選擇 Preset，設定 Proxy 檔的編碼與畫質，創作者可以根據自己的剪輯習慣與電腦效能選擇適合自己的設定。筆者因為電腦效能的關係，選擇 H.264 Low Resolution Proxy，而 Proxy 檔的存放位置（Proxy Destination）會選擇與專案同一個資料夾（Same as Project）。完成後按 OK 即可。

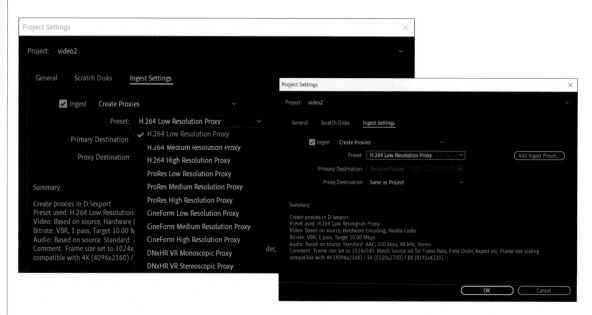

5 每當一個新影片素材匯入到這個專案，都會先由 Media Encoder 自動進行編碼並創造出新的 Proxy 檔。完成後 Proxy 檔並不會出現在 Project 面板。

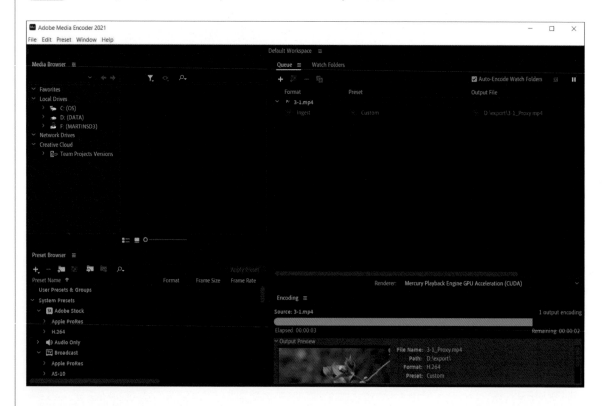

一樣把剛匯入的素材放到時間軸，並且從 Program 面板右下的 Button Editor ➕ 把 Toggle Proxies 🔁 拖曳至 Program 工具列，然後按 OK。

 回到 Program 面板，再按下 Toggle Proxies 🔁（按鍵轉成藍色），就可以利用 Proxy 檔 預覽畫面，讓剪輯時有更流暢的預覽效果。

在剪輯時進行 Proxy 工作流程設定

 創作者也可以在剪輯過程中，把專案換成 Proxy 工作流程，至上方程式工具列（File > Project Settings > Ingest Settings）。

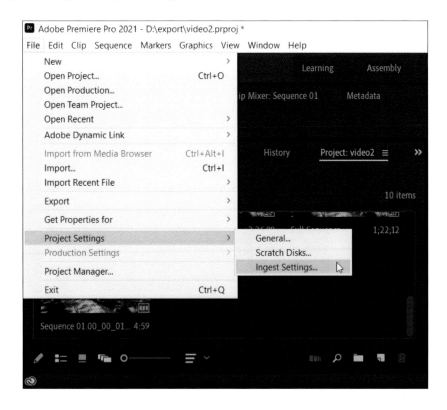

2 同樣地，Project Settings 視窗中 Ingest Settings 面板會出現，此時，勾選 Ingest 並進行下一步設定。接下來的設定都會跟前一小節一樣，完成設定後，新匯入的檔案都會自動產生 Proxy 檔。

3 然後在 Ingest 右側的下拉式選單中選擇 Create Proxies 或 Copy and Create Proxies，選擇 Copy and Create Proxies 的話，原檔還會預設被複製到專案的資料夾（可以透過下方的 Primary Destination 進行設定）。

4 已匯入的檔案則需要從 Project 面板設定，點選影片素材，並按下滑鼠的右鍵，選取 Proxy > Create Proxies。

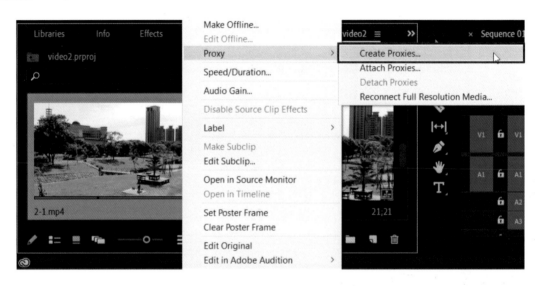

5 Create Proxies 視窗會出現，並提供格式與 Proxy 檔存放位置的選項，筆者一樣選用 H.264 Low Resolution Proxy。

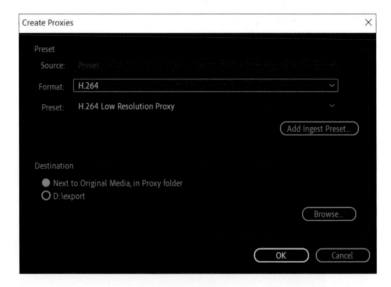

6 按下 OK，Media Encoder 自動進行編碼並創造出新的 Proxy 檔。剪輯時再按下 Toggle Proxies （按鍵轉成藍色），就可以利用 Proxy 檔預覽畫面，讓剪輯時有更流暢的預覽效果。

Chapter 03
影片色調修整

自高畫質影片普及，大眾對於影片色彩還原，以及色調處理都有了更高要求。影片製作端在拍攝時會把「最高質量」的畫面交給後製。畫質為 1080p 或以上、幀率 (frame per second，FPS) 也會根據客戶端的要求而改變、顏色則是以保留最多色彩「資訊」為首要條件，如此在後製時就可以有更多彈性來調整影片的色調，色彩模式中的「Log」就可以滿足這個要求。以「Log」拍攝出來的影片都會有同一個特色，畫面看起來都會偏灰灰白白，色彩濃度也會比較低，看起來並不「正常」。但仔細看，就會發現畫面中亮部與暗部中的「資訊」都會被有效記錄下來。只要經過後製的顏色處理，畫面就可以呈現出「寬動態範圍」（更多層灰階）。

各品牌都會根據相機的軟硬體及需求創作出不同的「Log」模式，比較常見的例如：Canon 的簡稱 C-Log、DJI 的 D-Log、Fujifilm 的 F-Log、Nikon 的 N-Log、Sony 的 S-Log、Panasonic 的 V-Log，有些廠商更會為自己的產品搭載超過一種 Log 模式，比方說 Sony 跟 Canon。

在調整顏色前，我們需要把 Premiere Pro 換成顏色「Color」版面。然後我們可以發現左上的視窗會變成 Lumetri Scopes 面板，即時將 Program 面板上的畫面進行分析；而右側則會多出 Lumetri Color 面板，方便調整各項色調。

3.1 如何閱讀 Lumetri Scopes

在調整影片的色調時，單靠螢幕畫面，不足以得到最準確的效果。我們需要進一步的輔助來測量，這時候就需要用上 Premiere Pro 的 Lumetri Scopes 功能。從 Lumetri Scopes 面板中按下右鍵，即可勾選 5 種顯示方式，根據需求可以把它們獨立或同時打開。

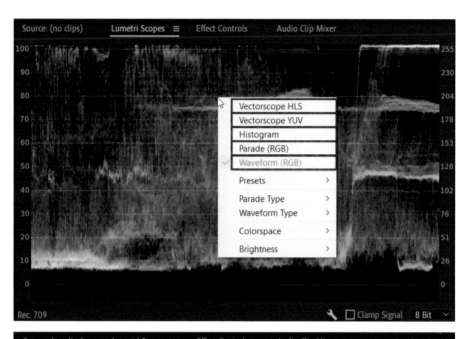

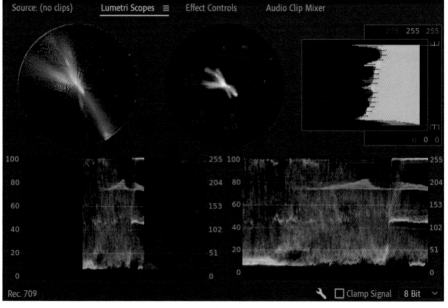

原理上它們可以分為三種測量方式（Histogram，Vectorscopes，Waveform/Parade），都有助於把每一幀畫面的顏色資訊具象化，以下是它們的基本介紹。

Histogram

Histogram 可說是三種中最為普及，它在其他軟體或相機裡都可以看到，只是 Premiere Pro 中的逆時針轉了 90 度，但其原理不變。而 Premiere Pro 中的 Histogram 則可以顯示彩度（chrominance）以及亮度（luminance）。

在 Histogram 中，三原色的部分代表了各顏色的彩度（chrominance），灰色的部分代表了亮度（luminance），在 8bit 模式下，圖表中的 Y 軸所顯示的灰階值會從 0 一直往上到 255，X 軸則表示那一幀畫面中，各個彩度或亮度灰階值的量。

因此，曝光過度的畫面在 Histogram 中就會出現上寬下窄的形狀，因為畫面中大部分的灰階值都集中在較高的位置；相反地，在曝光不足時就會集中在較低的位置。

曝光正常

曝光過度

曝光不足

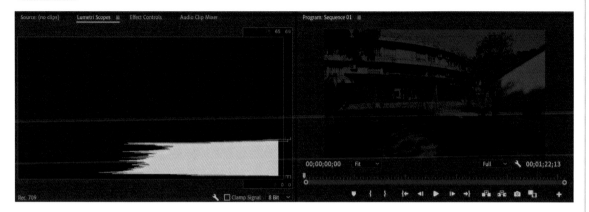

Vectorscope

Vectorscope 的部分會有兩種模式可以選擇，YUV 及 HLS（Hue, Lightness, Saturation）。在 YUV 模型下，可以顯示濃度（Saturation）跟色相（Hue）的資訊，濃度從圓心往外擴散，色相的部分則是以不同的角度顯示，標準顏色的位置都會以框框顯示，當我們開啟 HD Bars and Tone（Project 面板下：New Item > HD Bars and Tone）就會發現表示各顏色的「點」都會落在框框的正中心，這也表示濃度（Saturation）跟色相（Hue）有在標準內。

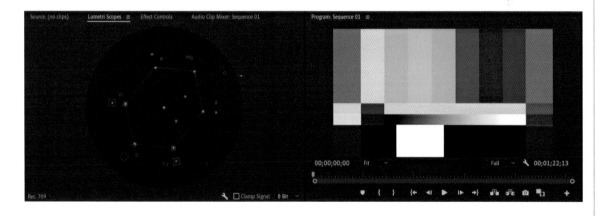

利用影片素材 1-1.mp4 為例，我們把畫面的濃度調低（變得越來越像黑白），那測量出來的值都會往圓心跑；相反地，拉高濃度的話就會往外擴散。

原設定

色彩濃度調低

色彩濃度調高

在 HLS 模式下，亮度資訊也會同時被顯示，當畫面的曝光值被拉高，Vectorscope 上的白點會往外擴展，相反地，YUV 則會把資訊解讀為白色（失去顏色），所以 Vectorscope 上的白點反而會往內。

Waveform

Waveform 的圖表跟其他最不一樣是他的呈現方式跟畫面會有直接關係，X 軸從左到右代表著畫面的左到右，Y 軸則表示了亮度（luminance，0–100）以及彩度（chrominance，0–255）。因此 Waveform 可以簡明地呈現畫面從左到右各個部分的各種灰階度。Premiere Pro 還提供了幾種不同的模式以隱藏圖表上不想被顯示的亮度或彩度。此外，Parade 模式可以把 RGB 三種彩度分開顯示，以方便同步不同影片間的色調。

Waveform（RGB）

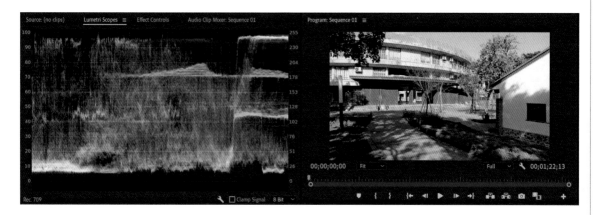

Parade（RGB）

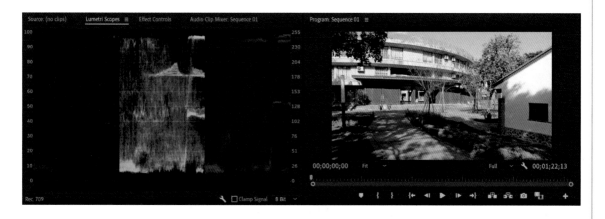

3.2 白平衡校正

不論是平面攝影還是影片拍攝，白平衡的校正都甚為重要，除了讓顏色可以正確呈現外，也可以讓片段之間的色調更連貫，同時方便之後的顏色調整。如此重要的步驟看似複雜，但幸運的是利用 Premiere Pro 處理白平衡校正並不困難。先點選需要校正白平衡的片段，讓右側的 Lumetri Color 面板亮起，在 Basic Correction 下點選 WB Selector 的滴管 ，然後至 Program 面板，並點選畫面上白色的物品。以影片素材 3-1.mp4 的情況，就可以點選右方房子的白牆。如此，片段的白平衡就校正完成了。如果需要點選較大範圍的白色，則可以按住 Ctrl，讓滴管變大後再點選白色的部分。

一般情況

按住 Ctrl 情況

3.3 LUTs 的套用

LUTs（Lookup Tables）顧名思義是電腦科學中的「尋找表」，它會把畫面的亮度、彩度等參數轉換成所對應的數值來呈現色彩效果。單從效果層面看，我們可以把它理解為高級「濾鏡」。而 LUTs 要正確呈現其效果的話，素材的色域、Gamma 等規格也得配合，不然出來的效果只會越來越「亂」，這種「獨特性」也說明了為何 LUTs 的種類繁多。LUTs 所呈現的效果大致分兩種，第一種是做特效，像是底片效果、好萊塢效果等；第二種是色彩還原，讓使用 Log 模式拍攝的影片回復原有的色彩，同時提升影片的「動態範圍」。

另外，LUTs 的種類也可以分為兩種：1D LUT 和 3D LUT。1D LUT 只能調整亮度（Brightness）、對比度（Contrast）、Black/White levels；3D LUT 則可以對三原色做獨立調整。除了利用相機廠商官方提供的 LUTs，網絡上也有很多第三方的供創作者下載。

接下來會以 1D LUT 為例：

1 接下來會以校正 Chapter 3 影片素材 3-1.mp4 的色調為例：利用 Canon 官網所提供的 LUTs 處理以 C-Log 拍攝的素材。把資料下載並解壓縮後會發現兩個資料夾以及兩份說明，它們都是以 1D LUT 及 3D LUT 區分。此時，就可以把 1D LUT 的資料夾拖曳至 Premiere Pro 中儲存 LUTs 的資料夾（C：> Program Files > Adobe > Adobe Premiere Pro 2021 > Lumetri > LUTs > Technical），此時系統可能會出現警告，但只要按「繼續」就可以把檔案移動。

完成後即可重新開啟 Premiere Pro，匯入檔案後選擇 Color 版面。然後先點選需要調整顏色的片段，此時右則的 Lumetri Color 就會亮起。點選 Basic Correction 下的 Input LUT 選單，並點選「CanonLog_10-to-WideDR_FF_Ver2.0」。代表這款 LUT 可以把 Gamma 為 Canon Log、10bits 色深的影片，輸出為 WideDR（寬動態範圍）Gamma。

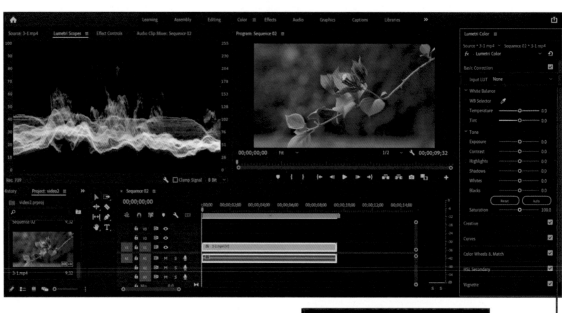

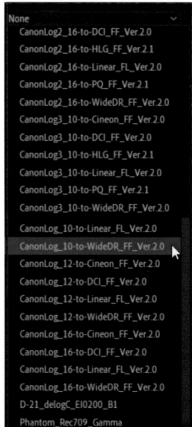

套用後即可發現片段的亮度、對比度與 Black/White levels 會得到校正，此時 Waveform
的分佈也會更往圖表的上下發散。

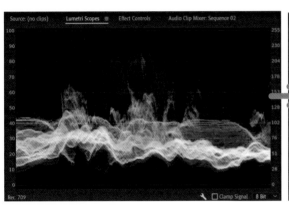 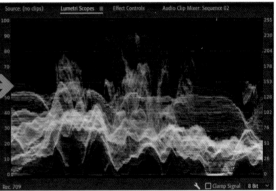

4 如果套用 1D LUT 後色彩濃度不夠的話，也可以在 Basic Correction 下的色彩濃度
（Saturation）做調整，讓畫面有更豐富的色彩表現。

Chapter 04

動態路徑與字幕

影片創作除了本身影片內容外，還需要其他元素點綴：像是片頭的文字、動畫、字幕、片尾人員名單等，才能把作品昇華至完整的狀態。幸運的是 Premiere Pro 也有支援動態路徑功能，讓創作者可以更便捷地創作簡單的文字與動畫。

4.1 使用資料庫的動態標題

匯入動態標題

1 首先，新增一個 Sequence，這邊以 DSLR 1080p30 格式為例。

把 Premiere Pro 換成「Graphics」版面設計，此時版面右邊就會出現 Essential Graphics 面板，而這一章介紹的功能，主要都是由此面板控制。

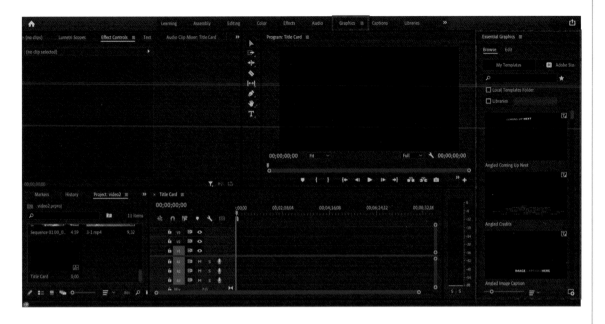

Essential Graphics 面板會預設顯示 Browse 頁面，當中會分成兩個資料庫：My Templates 與 Adobe Stock；My Templates 有預設部分的基本文字動畫模板，而 Adobe Stock 的模板則比較進階，當中也有不少需要付費的模板。

接下來，會利用 My Templates 中的 Angled Coming Up Next 模板為例，把它客製化成簡單的影片開頭。首先，把它從 My Templates 拖曳至時間軸上。

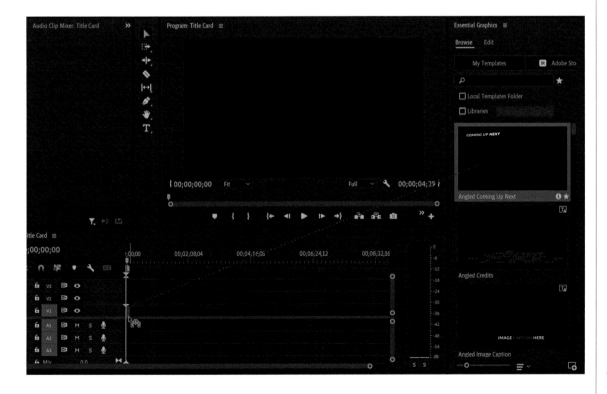

4 調整時間軸的放大率以便之後的編輯，然後再點選剛剛匯入的片段（Angled Coming Up Next 模板），此時 Essential Graphics 面板會換至 Edit 頁面，左上方的 Effect Controls 面板也會顯示片段中各種效果的關鍵影格。

5 因為時間軸上呈現紅色，代表畫面目前無法進行即時預覽，因此先按下「Enter」讓 Premiere Pro 進行算圖。算圖完成後，按快捷鍵「Space」進行預覽。

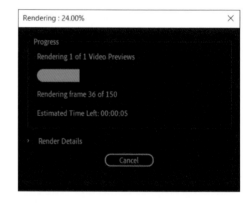

更改模板

在預覽時，可以發現這個模板的位置是在畫面的左上角，內容為「COMING UP NEXT」，像是播廣告前，把前面影片告一段落的感覺。但沒有關係，因為這些設定都可以另做更改。

1 首先，拖曳時間指針 ▉ 至文字出現的時間點，這樣可以方便後續的調整。在 Essential Graphics 面板 Edit 頁面上方的區塊，可以看到組成這個模板的「元素」：包含了三種效果及一個文字方塊。我們先把這個區塊改名為：「元素區塊」。它除了可以呈現每個動態路徑所包含的「元素」，還包含了圖層的概念（有點像 Photoshop 裡的 Layers 面板）。以 Angled Coming Up Next 模板為例，「效果」都位於「文字」之上，那是因為效果都只針對底下的「圖層」作用，如果把文字移動到最上層，效果將應用至文字。

「元素區塊」介紹

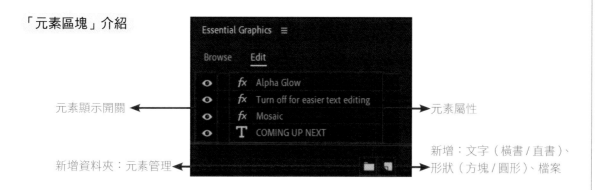

元素顯示開關 ← 元素屬性

新增資料夾：元素管理 ← 新增：文字（橫書 / 直書）、形狀（方塊 / 圓形）、檔案

同時，「元素區塊」支援客製化功能，只要點選元素（文字除外）兩下，即可更改其名稱。

2 接下來，需要更改模板的文字。先把其他效果元素的顯示關閉（方便調整文字內容），然後點選「文字：COMING UP NEXT」兩下，文字方塊就會在 Program 面板上顯示，滑鼠游標也會變成 Type Tool。

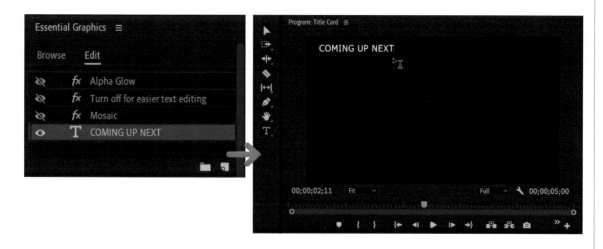

3 此時，就可以直接輸入創作者需要的內容。以下會把標題改為「Enter Your Title」做例子。完成後，把效果都重新打開以檢視效果。

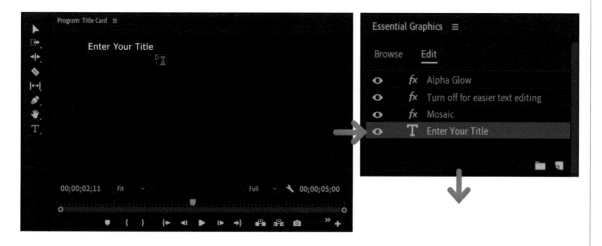

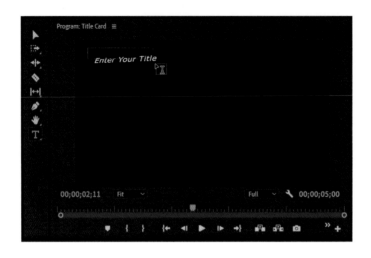

4 然後是改變文字大小。只要文字是在被點選的狀態，Essential Graphics 面板就可以往下滑，此時就會發現 Text 區塊，當中會有很多常見的字型調整選項。

字體 ◀── [Lato-Regular]

大小：滑動或點選數值以改變文字大小

文字與段落對齊方式 ◀──

字型：字距、粗體、斜體等

5 把 文 字 大 小 調 整 至 100，然 後至 Align and Transform 區 塊 點選 Vertical Center ⊡ 以 及 Horizontal Center ⊡ 讓文字區塊可以對齊垂直與水平的中心，進而對齊畫面的中心點。

6 下一步是調整整個文字動畫的長度。當然，我們可以透過改變在時間軸上的長度來調整它的長度，此時就會發現總長度確實有變化，但動畫所持續的時間卻不會等比例地改變，那是因為文字動畫的開始與結束已經被鎖定了。

從 Effect Controls 面板中可以發現，右側時間軸前後部分都有「灰底」的區塊，它們分別控制了「Intro」（起始動畫）與「Outro」（結束動畫）的持續時間，同時也鎖定了「關鍵影格」在片段中開始與結束的位置，讓創作者調整總片段長度時，動畫也不會被「移動」或「吃掉」。

假設需要把起始動畫變長，都需要直接調整它們的關鍵影格。在 Effect Controls 面板中先把效果的控制展開，同時調整右方時間軸的放大率。

7 接下來框選關鍵影格,並調整它們的時間,最後再調整「Intro」所持續的時間(只要把游標放在第一行效果的灰色邊界上,就會變成雙箭頭 ⬌)。

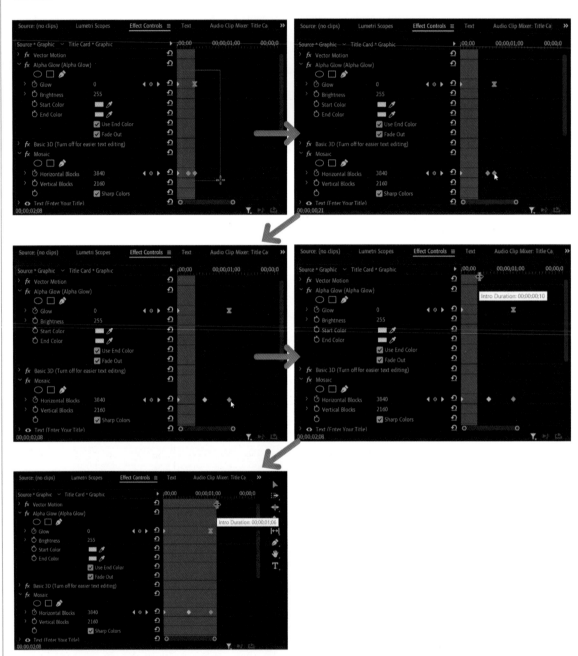

完成後即可按 Enter 進行算圖及預覽。

4.2 工作人員名單

在影片末端，都需要加入工作人員名單，而且因為人數眾多，列表通常都會以滾動方式顯示。在心 Premiere Pro 中，利用 Essential Graphics 面板進行這一類型的創作可以說是輕而易舉。

1 首先，把時間指針 █ 拖曳至空白的地方，利用工具列上的 Type Tool █ （快捷鍵 T）在 Program 面板的畫面上畫出文字區塊，並輸入工作人員名單。此時，時間軸上將出現新的片段，Essential Graphics 面板也會展開。

2 利用 Essential Graphics 面板的功能調整文字大小與對齊，接下來調整 Program 面板的放大率，並利用 Selection Tool █ （快捷鍵 V）把文字方塊拉長，至整段文字都可以顯示的狀態。

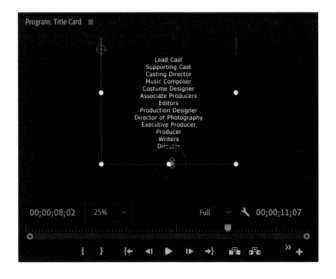

3 完成後可以把 Program 面板的放大率調回 Fit。取消選取文字方塊（利用滑鼠點選畫面上的其他地方），Essential Graphics 面板將會出現 Responsive Design – Time 區塊，要完成滾動式文字動畫則需要勾選「Roll」。

此時，動畫會預設文字方塊從畫面底部開始往上移動，直到文字方塊完全離開畫面，動畫就此結束。如需要改變「滾動」速度，則需要改變片段的長度。其他設定如下：

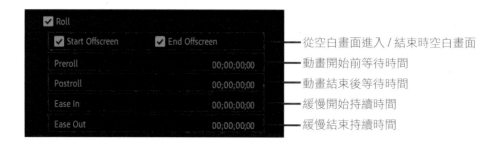

從空白畫面進入 / 結束時空白畫面

動畫開始前等待時間

動畫結束後等待時間

緩慢開始持續時間

緩慢結束持續時間

4.3 新增字幕

Premiere Pro 自 2021 年 3 月更新後，也得到全新的字幕編輯方式。在舊版 CC 中，字幕是一個獨立的圖層放在時間軸上，再利用 Captions 版面做內容及時間的調整。而目前的新版 Premiere Pro 則有獨立的 Captions 版面，右側一樣有 Essential Graphics 面板，而左上方則是 Text 面板，負責文字輸入。另外，字幕會有獨立的時間軸，不會與影片的時間軸互相干擾。

1　先按下 Text 面板的「Create new caption track」（如上圖點選時間軸後，快捷鍵：Ctrl + Alt + A），在 New caption track 視窗中 Format 的部分選擇「Subtitle」並按下 OK。

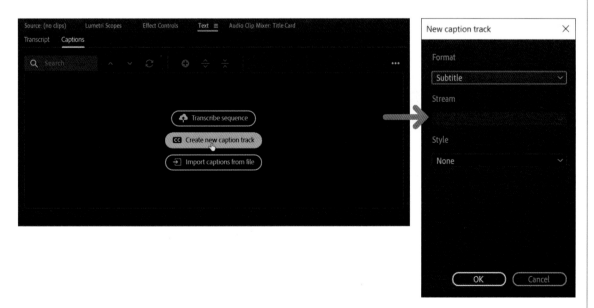

此時，時間軸上就會出現「字幕軌」。

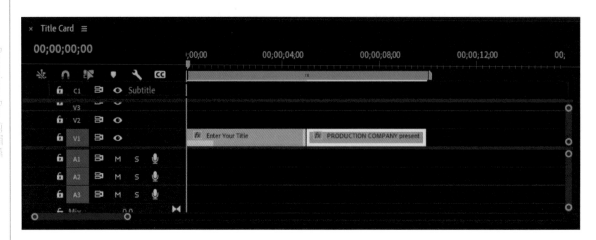

2 把時間指針 ◯ 拖曳至而要開始加入字幕的時間點，並按下 Text 面板中的 Add new captions segment ⊕（快捷鍵：Ctrl + Alt + C），即可新增字幕區塊至時間軸，跟時間軸上的片段一樣，創作者可以隨意改變區塊開始與結束的時間點（系統預設長度為 3 秒）；文字內容的部分則是透過 Text 面板控制，只要在對應的區塊點兩下，即可改變文字內容。

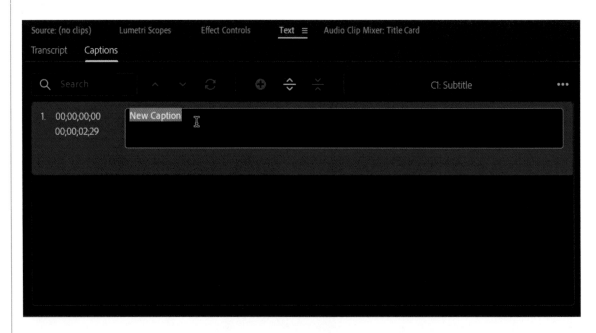

3 結束前一段文字內容編輯後，移動時間指針 ◯ 至下一個需要新增字幕的時間點，再按下 Add new captions segment ⊕ 即可編輯下一段文字內容，以此類推。

4 若需要加入另一種語言字幕，則需要新增「字幕軌」，在原「字幕軌」那邊按下右鍵，並選擇 Add Track，New caption track 視窗會再次出現，確認 Format 的部分選擇「Subtitle」並按下 OK。

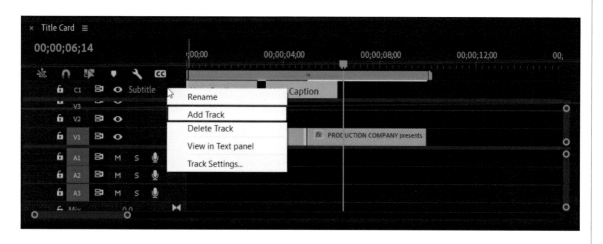

原字幕軌會被自動開關顯示，在 Text 面板中按下 Add new captions segment ⊕ ，即可新增字幕。但這樣的話不就是要重新設定每一句的時間碼？其實，是可以複製原字幕軌，以省下時間設定的步驟。

利用 Track Select Forward Tool ▶ （快捷鍵：A）全選字幕區塊，改回利用 Selection Tool ▶ （快捷鍵 V），先按下 Alt，再利用滑鼠把它把往上拖曳至新字幕軌，字幕區塊就會自動拷貝至新的字幕軌，如此字幕軌 1、2 都會有一樣的內容，再改變文字，即可完成另一種語言的字幕。

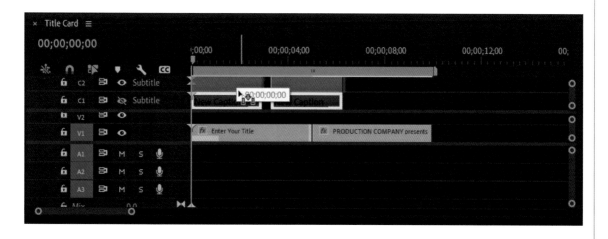

5 在影片輸出時，創作者可以選擇字幕是直接拷貝至畫面，還是另外輸出字幕檔。在 Export Settings 視窗中，右邊的 Captions 面板可以進行字幕輸出設定。Export Options 中：None（不輸出字幕）、Create Sidecar File（輸出字幕檔，可選擇副檔名 .stl/.srt）、Burn Captions Into Video（拷貝至影片畫面）。

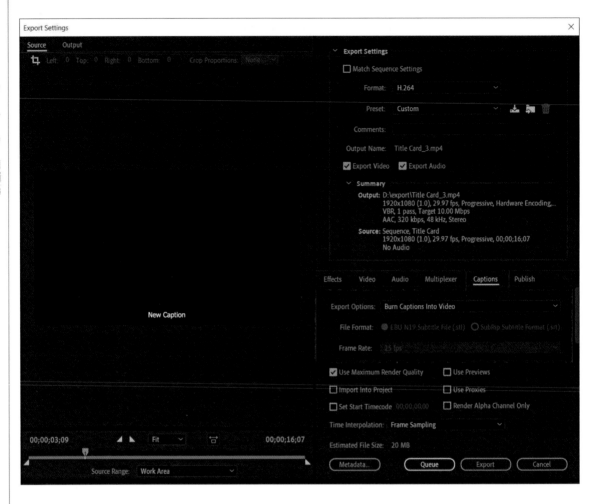

注意，系統只會輸出目前有被開啟顯示的「字幕軌」，如需要獨立輸出字幕的話，可以至 Text 面板右上方，並點選 Export to SRT file 選項。

自動產生字幕

除了一句一句把字幕輸入外，新版的 Premiere Pro 還可以自動把聲音轉成字幕。對於創作者來說，是一大喜訊！以下是操作方式的介紹。

1 先把 Chapter 4 的音訊素材 4-1.mp3 匯入至時間軸。

2 在 Text 面板上按下「Transcribe sequence」，進行系統自動產生逐字稿。

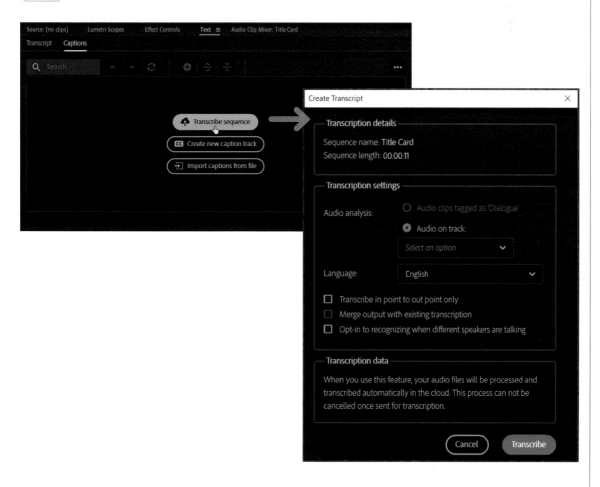

就可以選擇音軌,「Mix」為混合音軌,而其他就是 Sequence 上的獨立音軌。

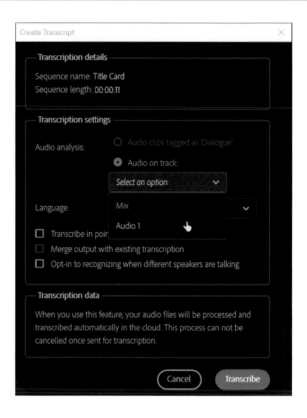

再選擇語言,像英語、中文(簡體字 / 繁體字)、日語、韓語等,系統都可以產生字幕。

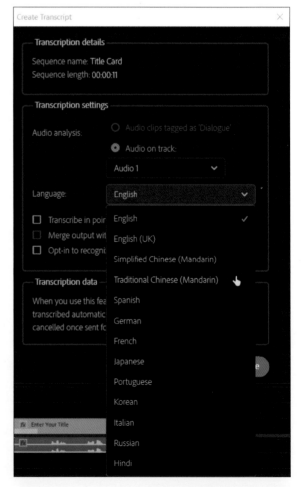

5 選定後就可以按下「Transcribe」以進行運算。不過這邊要做一個小提醒，因為轉換過程中，Premiere Pro 會把聲音上傳到系統的雲端，如果有隱私考量的話，不建議使用此功能。

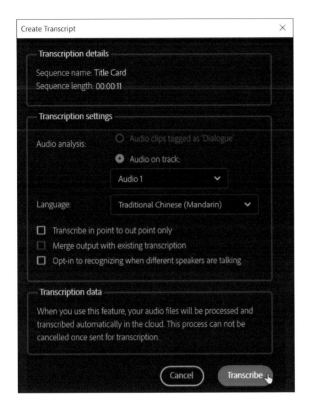

6 逐字稿就會自動產生。接下來需要按下「Create captions」，以進行逐字稿轉換成字幕操作。

7 確定是「Create from sequence transcript」（從 sequence 的逐字稿中產生字幕），就可以按下「Create」。

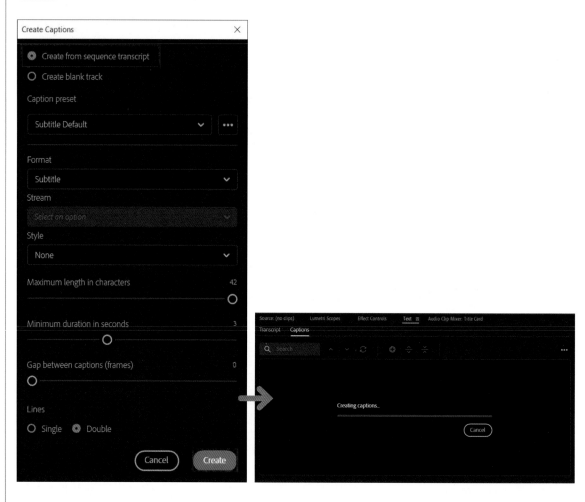

字幕就完成自動產生了！接下來就可以用上一小節所介紹的方法把文字做細部調整（因為音訊素材 4-1.mp3 的內容中有「Premiere Pro」英語字詞，而系統是使用中文語音辨識，因此中間就出現了一些小亂碼）。

Chapter 05
遮罩與去背技巧

無論靜態或動態影像處理，有時我們只需要取局部的畫面呈現，進一步與其他影像素材合成，此時，有兩種技巧可以選擇。第一是遮罩的技巧，將不想出現的畫面暫時遮蔽起來；第二，是影像去背的技巧，利用 Premiere Pro 針對單一顏色做消除，讓影片裡單一顏色的背景消除，留下主體，達至去背效果。若要有較佳的效果，建議使用綠幕或藍幕作為背景來拍攝。Premiere Pro 中去背特效其實也是一種遮罩的呈現，將背景遮蔽，最後只留下主體畫面。

本章節所介紹之遮罩與去背技巧，目的都是為了與其他影像合成，以呈現另外一種風格的畫面。在開始介紹相關的操作之前，先以簡單的示意圖說明遮罩原理。一般來說，以明暗圖像作為遮罩是最簡單的應用，以下圖來說，遮罩圖上的黑色是遮蓋部分、白色是顯示部分，因此任何影像只要套用了這個造型的遮罩，最後呈現的結果都只會留下中間圓圈的影像。

遮罩示意圖

原圖　　　　　　　　　遮罩　　　　　　　　　套用遮罩結果

在 Premiere Pro 中有好幾種遮罩與去背技巧可以選擇，本章節將介紹 Mask 與 Ultra Key 兩種效果。Mask 的好處是可以針對某一種「特效」作用，限制效果可以在畫面呈現的範圍；Ultra Key 可以算是 Color Key 的進階版，Color Key 雖可以有效去背，卻無法去除畫面中受背景顏色影響的部分，「去不乾淨」的情況常發生。因此，需要使用 Ultra Key 來解決問題。

5.1　遮罩技巧

接下來會利用遮罩技巧製造「錯覺」，素材 5-1. mp4 是一個卡牌場景，裡面有一張黑桃二，在不同時段會被放在不同角落。利用遮罩技巧，可以讓兩張一模一樣的卡牌同時出現在桌面上。背後的原理就是利用遮罩，把影片的前半與後半進行合成，進而得出它們同時出現的效果。

1　首先新增 Sequence 並匯入素材 5-1. mp4。

2　在時間軸點選片段後，把時間指針  移動至 00;00;08;05（卡牌被拿走的起始點），利用 Razor Tool （快捷鍵 C）在這個時間點進行切割。

3　把時間指針 移動至 00;00;10;05（卡牌被拿走的結束點），也利用 Razor Tool （快捷鍵 C）在這個時間點進行切割。

4 利用 Selection Tool（快捷鍵 V）選取卡在中間的、卡牌被拿走的片段，然後按 DEL 把它刪除。完成後，在片段間的缺口按右鍵，會出現 Ripple Delete 選項。

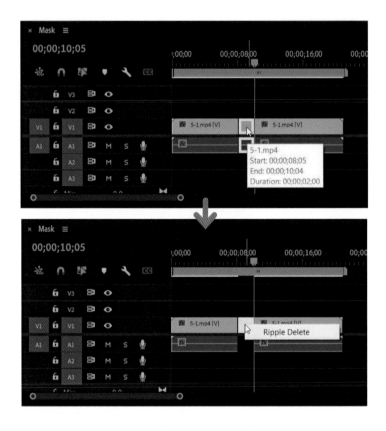

5 點選 Ripple Delete，即可讓兩段片段「無縫接軌」。

接下來是把前面片段的最後一幀畫面延長，讓畫面左上的卡牌不用消失。

先把時間指針 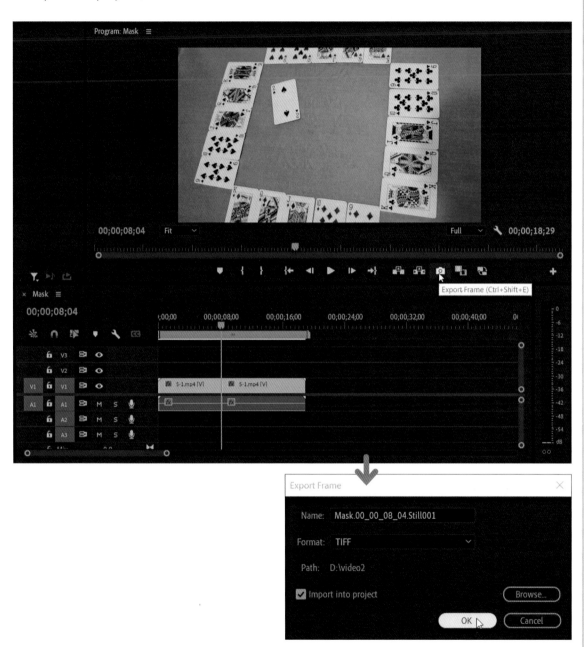 移動至 00;00;10;04（前面片段的最後一幀畫面），按下 Export Frame 或快捷鍵（Ctrl＋Shift＋E）輸出畫面，完成檔名、格式、儲存位置設定，並勾選 Import into project 後按 OK。

2 把後半段影片移到 V2，剛剛所輸出畫面則移動至 V1 的後方，同時，因為它預設的時間不夠長，所以要把它的時間延長至片段二結束的時間點。

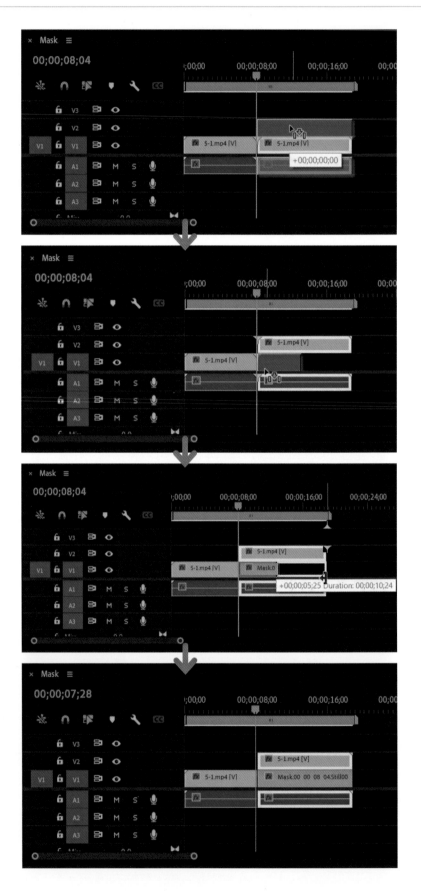

3 下一步就是為後半段影片加入遮罩，讓位於左上方的卡牌可以同時出現在後半段影片。首先點選後半段影片，此時，Effect Controls 面板會亮起。先把時間指針 移動至 00;00;12;20，讓畫面停留在第二次放卡牌在桌面的時間點，以方便遮罩設定。

4 至 Effect Controls 面板的 Opacity（透明度）選單，點選 Create 4-point polygon mask，Program 畫面就會出現一個四邊形的遮罩。

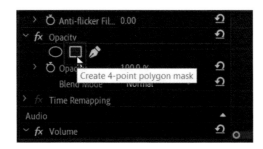

5 再把四邊形的四個角移動到適當的位置,讓兩張卡牌都可以被看見,遮罩的設定就完成了。

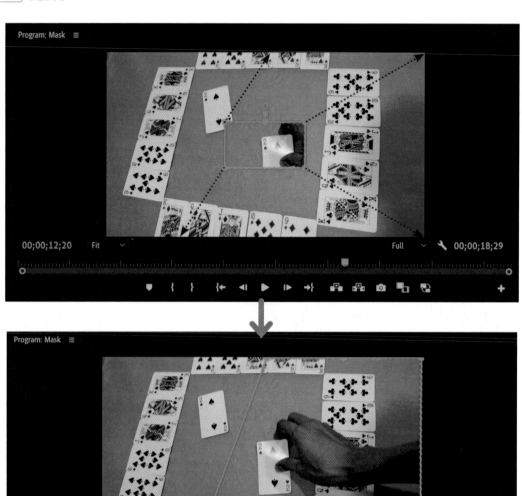

6 按下 Enter 即可退出遮罩的編輯,並進行預覽。

去背技巧

接下來會利用去背技巧，把素材 5-2. mp4 中的模型「移植」到素材 5-3. mp4 的背景上。

1 新增一個 Sequence 並匯入素材，把素材 5-2. mp4 放在 V2，再把素材 5-3. mp4 放在 V3。素材 5-2. mp4 會在 5-3. mp4 圖層上方，因此只要把綠色背景去掉，就可以讓主體換背景。

2 把素材 5-2. mp4 縮短至素材 5-3. mp4 的長度。

3 至 Effects 面板 > Video Effects > Keying > Ultra Key，並把效果拖曳並套用至素材 5-2. mp4。

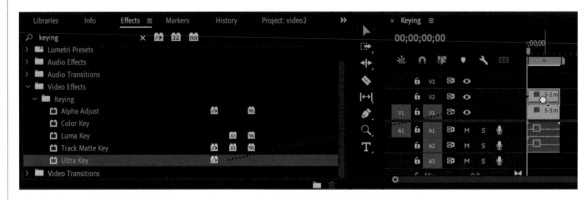

4 Effect Controls 面板就會出現「Ultra Key」的選單，在選單中 Key Color 的右方選擇「滴管」 ，並選取背景顏色；同樣地，按住 Ctrl 則可以點選較大範圍的顏色。

進行顏色取樣時，選擇比較暗的顏色可以得出更好的效果。

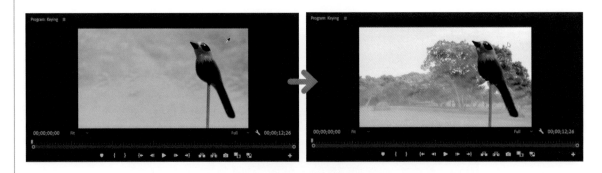

⑤ 先把 V1 的 Toggle Track Output 👁 關掉，把這一軌的預覽關閉，方便進一步的去背調整。

⑥ 在 Effect Controls 面板的 Ultra Key 選單中，更改它的 Output 模式，在 Output 的下拉式選單中，把 Composite 模式改為 Alpha Channel，就可以清楚了解遮罩的模樣。

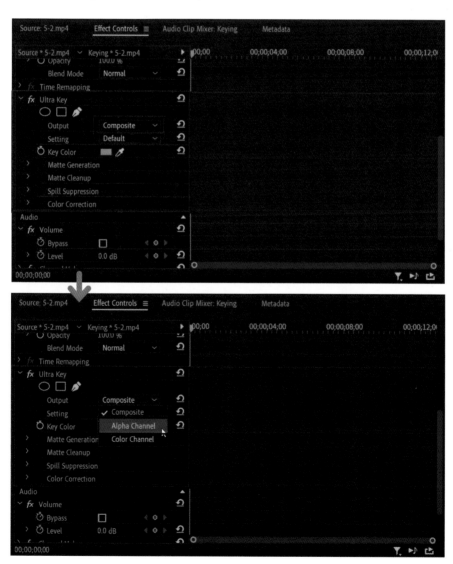

在 Alpha Channel 的顯示模式下,「全黑」代表會變成透明的部分;「全白」則代表不會被蓋住能顯示的部分;所以「灰色」就會是半透明的。在去背的前提下,目標就是要讓 Alpha Channel 中,木鳥模型以外的部分改為全黑,鳥身「灰色」的地方則改為白色。

目標:
變成「黑色」

目標:
變成「白色」

回到 Ultra Key 選單,先把 Matte Generation 展開。

7 利用直接輸入或滑動參數方式，把 Pedestal（基準）從 10 改為 80，如此，背景就會變成「全黑」。

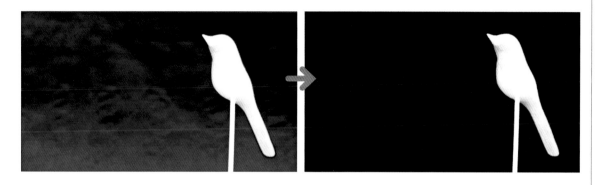

8 接下來是處理「鳥身」的部分，去背不乾淨的區域都集中在陰影，因此需要把 Shadow（陰影）的參數從 50 改為 80，如此木鳥的輪廓就變得清晰。

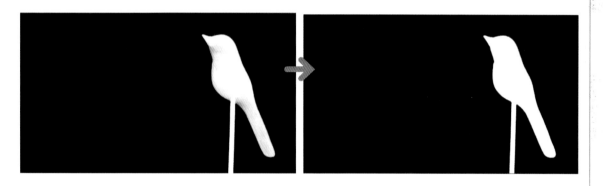

9 然後再把 Output 模式改為 Composite，就會看到背景變成素材 5-3. mp4 的畫面，去背也大功告成了。

5.3 動態遮罩

或許大家會覺得木鳥的底座在這個例子中會顯得礙眼，但沒關係，因為接下來會介紹如何利用動態遮罩把該部分隱藏。操作方式其實跟靜態遮罩的設定很像，差別就在於之後有沒有啟用追蹤功能。

1 首先，在時間軸上點選素材 5-2. mp4，然後至 Effect Controls 面板的 Opacity（透明度）選單，把它展開後，點選 Create 4-point polygon mask，Program 畫面就會出現一個四邊形的遮罩。

2 因為遮罩預設是可顯示的範圍，但以此例情況來說，框選不可視範圍會比較方便，因此需要勾選 Mask(1) 列表下「Inverted」的選項。

這樣就可以遮罩四個角的位置，調整四邊形的位置與形狀。

3 按 Mask(1) 列表下 Mask Path 的 Track selected mask forward ▶ 箭頭，讓 Premiere Pro 自動算圖並追蹤遮罩位置，完成後 Mask Path 會出現大量關鍵影格。按下 Enter 即可預覽效果，追蹤遮罩的基本設定也完工了。

4 但運算出來的效果可能不盡完美，在時間點 00;00;06;22 可以發現底座的遮罩範圍太少，無法完全把它遮住。

5 此時，遮罩範圍需要再次微調。先點選 Mask Path，讓遮罩範圍再次出現。再調整 Program 畫面的放大率，以方便調整。

6 然後再次微調遮罩範圍。

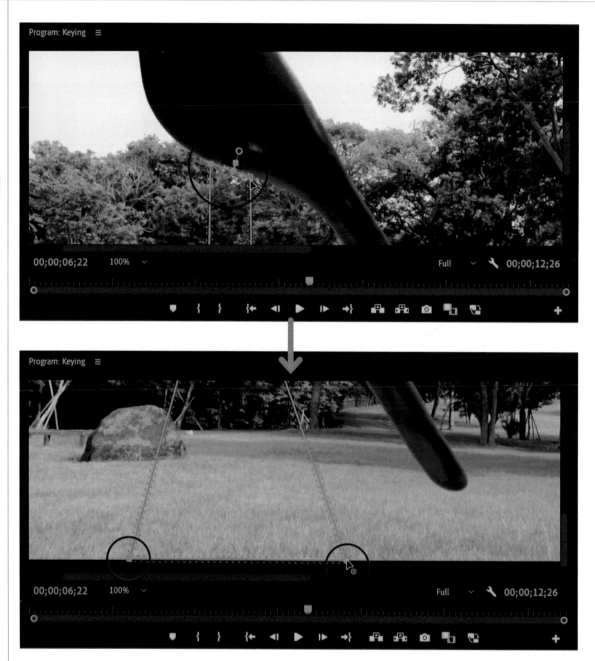

7 把 Program 畫面的放大率調回 Fit 之後，就可以再次按 Mask(1) 列表下 Mask Path 的 Track selected mask forward ▶ 箭頭，讓 Premiere Pro 再次算圖。完成後，回到時間點 00;00;06;22，並按下 Mask Path 的 Track selected mask backward ◀ 箭頭。因為系統每次只能往一個方向進行遮罩追蹤，但剛剛遮罩微調的地方又位於影片的中間，因此需要多進行一次追蹤。

8 最後按下 Enter 即可預覽效果，追蹤設定也大功告成了。

Section 2
After Effects 動畫篇

Chapter 06

基礎動畫操作

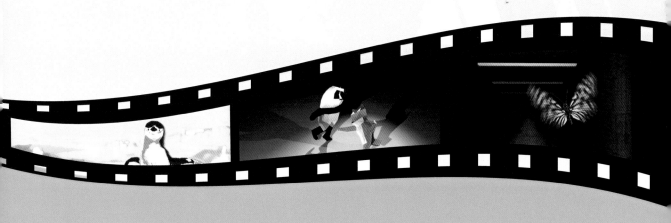

After Effects 能夠處理專業的數位影視動畫，配合許多內建特效合成的強大功能，將賦予影音工作者更多的創意空間，透過震撼的視覺效果以及令人驚艷的動畫，將讓您的影音畫面更為生動。電影中常見的爆破、煙霧、火焰畫面；精緻擬真的人物合成畫面；豐富的伸展、收縮、傾斜以及扭轉變形特效；甚至將 2D 物件 3D 化模擬自然真實的空間感，基本上都可以利用 After Effects 的輔助來完成。

After Effects 動畫篇第一章介紹基礎動畫操作的工作步驟，在本章節您將會學習到如何設定 Composition、新增文字、設定物件位移 Keyframe、以及成品影片的輸出。

6.1 新增 Composition

與其他 Adobe 系列軟體一樣，After Effects 剛開啟並無法進行編輯，歡迎創作者的會是一個簡單的教學頁，如果不需要的話，按右上方的「X」即可關閉。

開啟 AE 時的教學介面

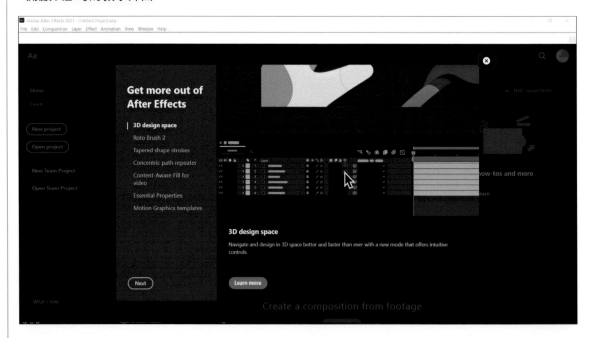

關閉教學介面後，會出現 AE 的首頁，點選左邊的「New project」即可進入編輯頁面；點選「Open project」即可開啟舊有檔案。如果點選下方的「Select a file」，Import File 視窗就會出現，選擇需要匯入的素材後，AE 就會直接把素材匯入至專案，系統會同時把素材新增至合適的 Composition 中。

開啟 AE 時的軟體介面

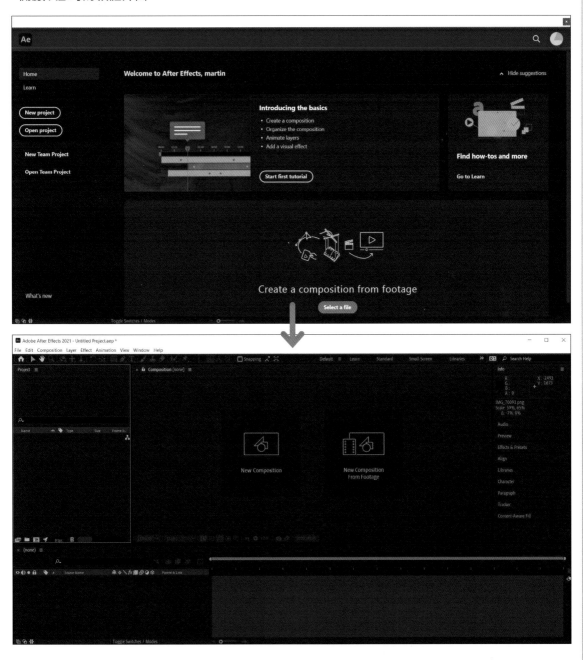

在 AE 進行創作必須先新增一個 Composition（它的性質有點像 Premiere Pro 的 Sequence）。Composition 的功用類似時間軸的概念，不同的圖層與物件可以透過 Composition 來組合，才能進一步套用特效與進行合成處理。

1 要新增 Composition，可以在 Project 面板按滑鼠右鍵，選擇「New Composition」；或者執行功能表「Composition > New Composition」，快速鍵為「Ctrl + N」。

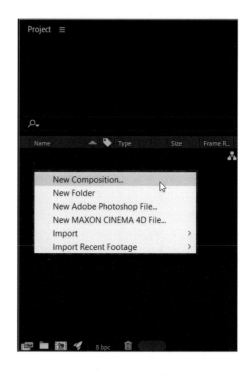

2 在 彈 出 的 Composition Setting 視窗中，可以設定 Composition 的影片格式與時間長度。

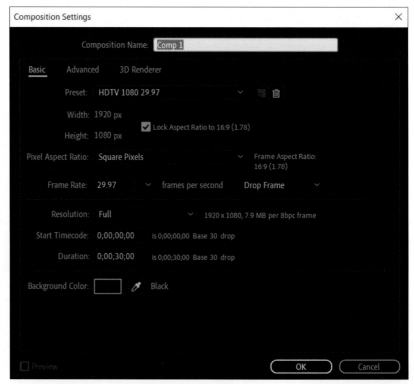

3 若使用者想編製不同的影片格式，可以打開 Preset 欄位的下拉式選單，After Effects 內建了許多常見的影片規格預設值，像 HDTV 1080 29.97，直接選擇就可以使用。

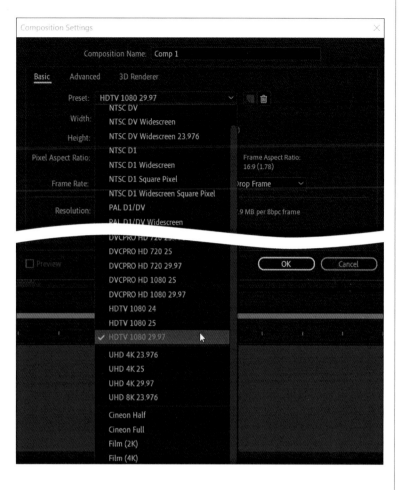

4 本章節範例將練習解析度為 1920*1080、時間長度 5 秒鐘的動畫，請在 Composition Setting 視窗中，設定 Width: 1920、Height: 1080，並將 Duration 欄位的值改為 0;00;05;00。

5 完成 Composition 的新增後，Project 面板會出現新 Composition 素材；下方的 Timeline（時間軸）面板的時間刻度、時間指針 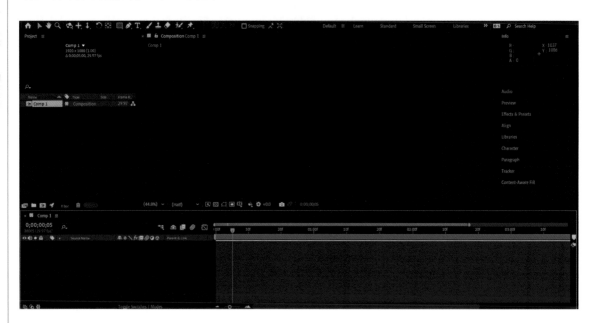 也會出現；正上方的 Composition 面板會同時顯示時間指針 所標示的畫面狀態。

6 開始正式製作動畫之前，請先進行存檔動作，File > Save As，快捷鍵：Ctrl + S。After Effects 的專案檔儲存時只有一個檔案，副檔名為 aep，其他使用到的素材檔案則是用連結方式存取，儲存 aep 專案檔時，不會將所有素材一併儲存，因此建議讀者養成一個習慣，就是將 aep 與使用到的素材檔案，全部置放於同一個資料夾路徑下，未來萬一需要改變這些 aep 的儲存位置，能確保所有素材檔案不會零散遺失，皆可正確快速被讀取。

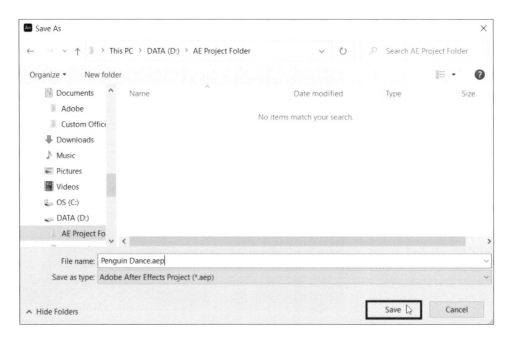

6.2 匯入素材

After Effects 要匯入編輯的素材檔案，有以下 4 種方法：

- 執行功能表「File > Import > File」。
- 使用快速鍵「Ctrl+I」。
- 在 Project 面板上按滑鼠左鍵兩下。
- 在 Project 面板上按滑鼠右鍵，選擇「Import > File」。

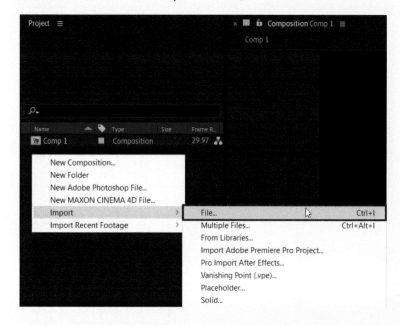

1 請先複製本書所附 Chapter 6 素材檔案：penguin_bg.jpg 與 penguin.png 至您個人專案檔資料夾中，並將這兩個檔案匯入。

2 新增一個色塊 Solid，後面的練習將會用到。要新增色塊 Solid 可以於 Project 面板上按滑鼠右鍵，選擇「Import > Solid」，或者執行功能表「File > Import > Solid」。

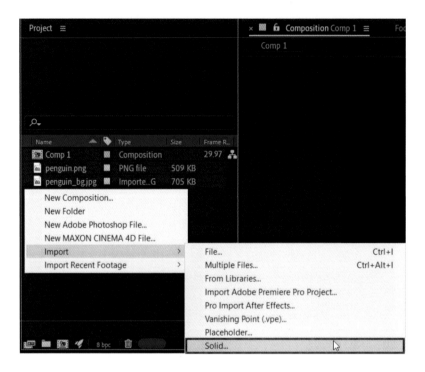

3 在彈出的 Solid Setting 視窗中可以設定色塊的長寬尺寸、像素比例以及顏色；一般來說，除非特殊需求，否則不建議調整預設的長寬尺寸與像素比例，因為容易造成未來影片輸出時物件的變形。請按下 Color 以調整顏色，將 RGB 值設定為 R:255、G:255、B:255 的白色，確定 Solid 的相關設定後，按下「OK」按鈕即可完成新增動作。

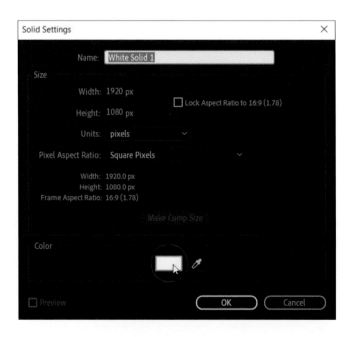

 我們可以在 Project 面板，看到剛才匯入的圖片素材與新增的色塊 Solid。

6.3 素材編輯

1 After Effects 所有素材的編輯與設定都必須在 Composition 中完成，而每一個在 Composition 上的物件都占有一個個別的圖層。請配合鍵盤「Ctrl」或者從空白的地方壓住左鍵開始框選，同時選取 penguin_bg.jpg 與 penguin.png 以及 White Solid 1，將其往下拖曳至時間軸 Comp 1 面板。

2 請確定圖層的上下關係為：penguin.png > White Solid 1 > penguin_bg.jpg，若需要調整，直接上下拖曳排列即可。然後 Composition 面板的預覽畫面就可以看到企鵝的背景會從 penguin_bg.jpg 變成 White Solid 1。

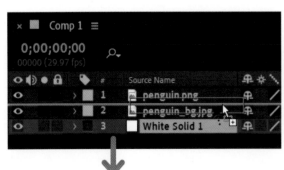

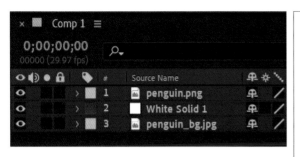

3 選擇白色色塊 White Solid 1，切換至 Composition 監看畫面，直接拖曳其控制點以縮小色塊高度。

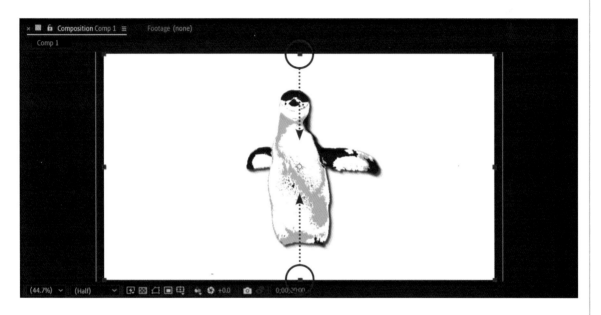

4 切換至時間軸 Comp 1 面板，展開 White Solid 1 圖層的 Transform 項目，直接調整 Position 的 Y 為 560，目的在將色塊往下方移動（當然直接在監看畫面上拖曳色塊也可以改變其位置，但是容易不小心橫向拖動，變更到 Position 的 X 值，因此直接調整 Position 的值是比較保險的做法）。Scale 的 Y 值會因為上一個步驟而改變，數值只做參考。

Anchor Point：中心點相對位置　　　　Position：物件位置

Scale：比例縮放　　Opacity：透明度　　Rotation：旋轉

5 再調整企鵝影像 penguin.png 的位置，您可以直接在監看畫面上拖曳至適當地方，也可以展開 penguin.png 圖層的 Transform 項目，調整其 Position 的 X 與 Y 值，本書範例參考值如圖（X:1200, Y:600）。

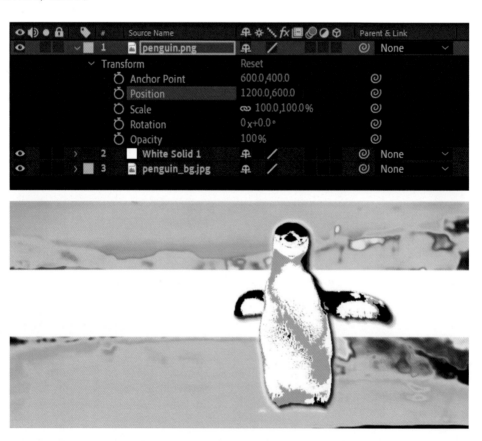

6 展開 White Solid 1 圖層的 Transform 項目，調整 Opacity 為 70%，降低其透明度。

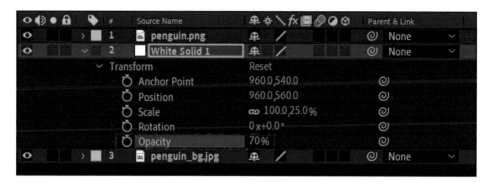

7 使用工具列上的 Horizontal Type Tool  文字工具（快捷鍵：Ctrl ＋ T），並在監看畫面上新增文字：Penguin Dance。

8 切換至 Character 面板，如介面無此面板，請操作工具列「Windows > Character」將其勾選。接著更改其字型為 Arial、調整文字大小為 180、字元間距為 350、顏色為 #182E3C。

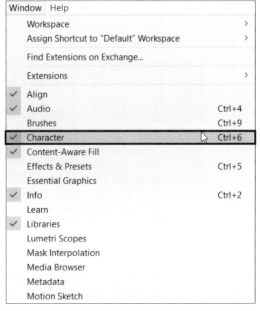

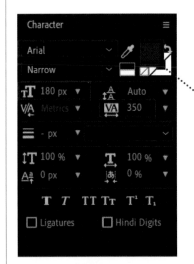

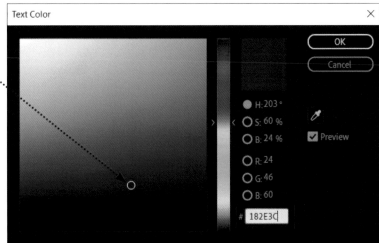

9 因為剛剛已調整文字的填充顏色，接著調整外框線為 #5AB8BF，並將外框線寬度提高為 25，設定「Fill Over Stroke」（填色在外框之上）。

填充顏色

外框顏色

10 新增文字後，時間軸 Comp 1 面板上會出現文字物件的圖層 Penguin Dance。先拖曳調整 Penguin Dance 文字圖層至 penguin.png 的下方，接著展開文字圖層的 Transform 項目，調整 Position 的 X 與 Y 值以改變文字位置（本書參考值為 X: 592、Y: 545）。

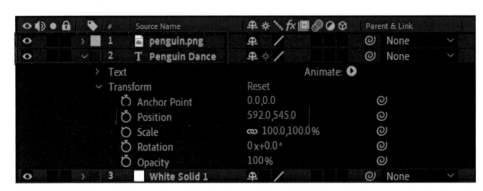

6.4 設定 Keyframe

透過 Keyframe 的設定可以控制參數值在某一段時間內的變化，After Effects 的動畫原理就是因為 Keyframe 的變化而產生動態的結果。每一個在時間軸上的物件，都具備基本 Transform 類型的參數，其包括：Anchor Point、Position、Scale、Rotation、Opacity 等 5 項，其實利用這幾個參數的 Keyframe 設定，就能完成基礎的影視動畫。

1 在 After Effects 中，只要參數名稱前面出現 ⏱ 者都能設定 Keyframe。請先選擇 dance. png，展開其 Transform 項目，將時間軸指針移至 0;00;00;00 開頭處，再按下 Position 前方的 ⏱ 小按鈕以啟動 Keyframe 功能，同時調整 Position 的 X 值為 2220，讓企鵝圖像往右邊移出畫面範圍，After Effects 會在時間軸上自動新增一個 Keyframe。

2 將時間指針移至 0;00;01;00，更改 Position 的 X 值為 1200，讓企鵝圖像往左移回原本位置。

3 請選擇 White Solid 1，展開其 Transform 項目，將時間指針移至 0;00;01;00，再按下 Position 與 Opacity 的 ⏱ 小按鈕以啟動 Keyframe 功能。調整 Position 的 X 值為 2880，讓白色色塊往右邊移出畫面範圍；調整 Opacity 值為 0%，讓白色色塊完全透明。

4 將時間指針移至 0;00;02;00，調整 Position 的 X 值為 960，讓白色色塊往左移回原本位置；調整 Opacity 值為 70%，讓白色色塊呈現原本設定的半透明狀。

5 請選擇文字物件 Penguin Dance，展開其 Transform 項目，將時間指針移至 0;00;02;00，再按下 Position 的  小按鈕以啟動 Keyframe 功能。調整 Position 的 X 值為 -1265，讓文字物件往左邊移出畫面範圍。

6 將時間指針移至 0;00;03;00，更改 Position 的 X 值為 592，讓文字物件往右移回原本位置。

7 在時間軸上,除了背景圖片 penguin_bg.jpg 之外的 3 個素材物件 Keyframe 都已經設定完畢,讀者可以按下鍵盤「Space」預覽播放動畫結果。

8 如果想讓背景圖多一些動態變化,可以考慮直接套用 After Effects 內建的 Animation Presets(動畫特效預設集)。請切換至 Effects & Presets 面板,將時間指針移至 0;00;00;00 開頭處,套用「Animation Presets > Image - Special Effects > Light Leaks - random」動態效果至背景圖 penguin_bg.jpg 上(也可以拖曳該特效至時間軸的背景圖物件圖層上)。

最後動畫結果如下：

6.5 輸出影片

After Effects 可以輸出多種格式的影片，也可輸出連續的圖檔另做其他編輯用途。輸出影片有兩種方式可以使用：第一、執行功能表「File > Export > …」，選擇準備輸出至其他應用程式，像 Premiere Pro；第二、執行功能表「Composition > Add to Render Queue」（快捷鍵：Ctrl + M），利用算圖序列來設定檔案格式並輸出影片。

使用者可以選擇自己習慣的方式來輸出影片，不過，通常會建議讀者使用 Render Queue 的方式，除了可以設定所有輸出的檔案格式之外，之所以稱為 Render Queue 算圖序列，表示可以儲存不同輸出格式的算圖設定，再利用批次運算的方式來完成輸出的動作。

以下將介紹如何利用 Render Queue 的方式輸出 AVI 影片。請執行功能表「Composition > Add to Render Queue」，Render Queue 面板會自動切換出來。

1 按下 Output to 項目旁 Not yet specified 藍色字，準備設定輸出影片置放路徑與檔名。

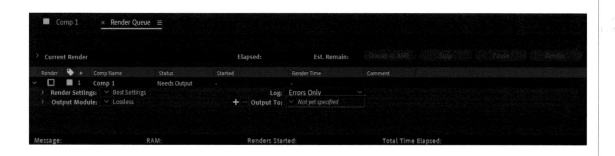

2 請在彈出之 Output Movie To 視窗中選擇影片置放路徑，並輸入存檔檔名。

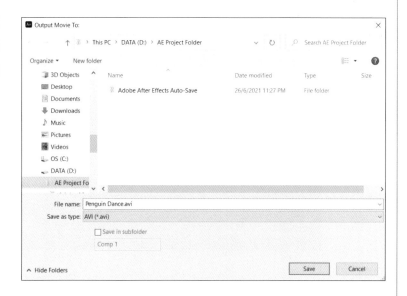

確定影片置放路徑與檔名之後，Output to 項目旁將會出現剛才設定的影片檔名。

按下 Output Module 項目旁 Lossless 藍色字，將彈出 Output Module Settings 視窗。

5 預設輸出影片格式為 AVI 影片，若按下 Format 的下拉式選單，則可選擇其他的影片格式或連續圖檔。

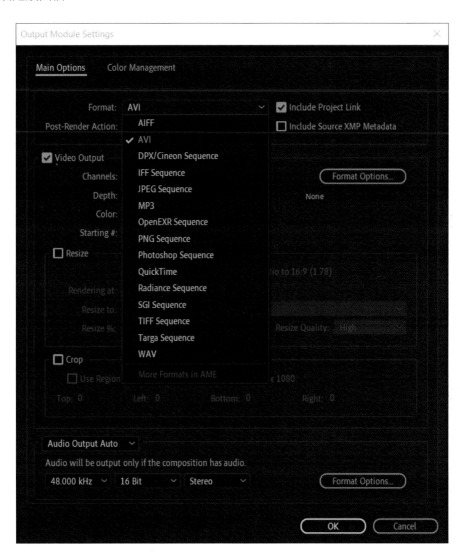

6 基本上若要輸出無壓縮的 AVI 影片，只要指定影片輸出路徑與檔名，其餘沿用預設值即可。請按下 Render Queue 面板上的「Render」按鈕，準備 AVI 影片的算圖輸出。

7 經過 Render 等待的時間，即可完成 AVI 影片輸出。

跑動的藍色狀態列為 Render 進度

如果讀者還想輸出成另外一種格式的影片，例如：MP4，就需要把它匯入 Media Encoder。

1 先切換回時間軸 Comp 1 面板，再重新執行功能表「Composition > Add to Adobe Media Encoder Queue」（快捷鍵：Ctrl + Alt + M），將會自動開啟 Adobe Media Encoder。

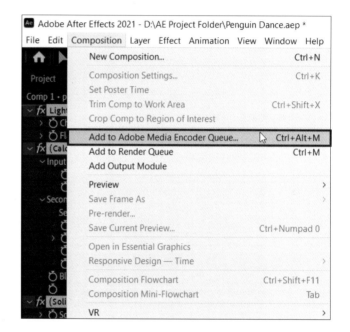

2 在 Media Encoder 的 Queue 面板，會發現準備輸出的影片。按下 Format 下的藍字，會跑出與 Premiere Pro 一樣的輸出設定畫面，可設定輸出格式。選擇 H.264 編碼方式即可輸出至 MP4。按下 Output Name 的藍字，即可設定輸出路徑與檔案名稱。

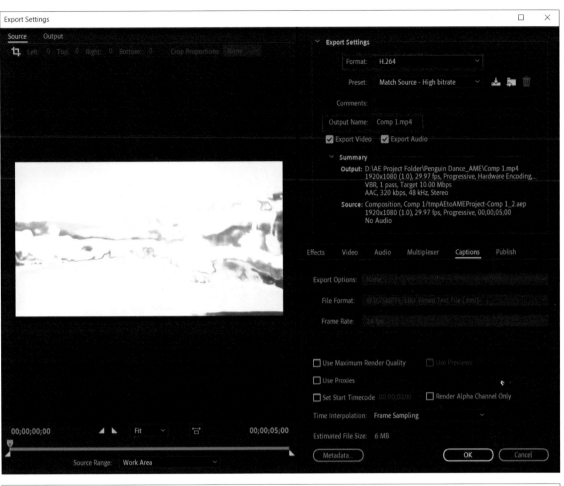

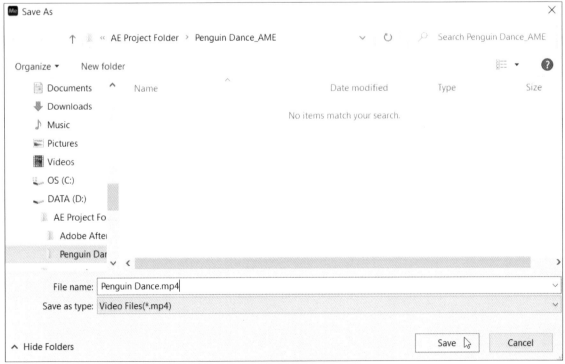

完成所有設定確認後，按下 Start Queue ▶ 或快捷鍵 Enter 即可輸出。

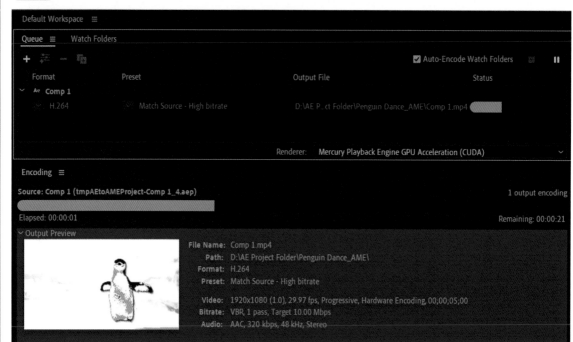

Chapter 07
動態圖像技巧

除了影片後製處理外，After Effects 也常被運用於動態圖像（motion graphic）的創作，所謂動態圖像是將平面設計的圖像加上動態，著重於平面設計的視覺美感，靈活運用構圖與圖像轉場，創造「動態化的平面設計」。這類型影像近來常出現在 YouTube 上，影片創作者會透過動態圖像創作影片「片頭」及「轉場」，有別於一般的靜態「字卡」，動態圖像可以讓影片變得生動，有助網紅建立自己的品牌。動態圖像的基本元素是線條與幾何圖形的形狀變化，加上節奏與時間的配合，即能將基本的圖形組合出複雜的動態，本章將以簡單實例介紹動態圖像創作。

7.1 基本形狀操作方式

新增圖形與圖層

1 先新增一個新專案並開啟一個新 Composition， 並設定背景顏色至 #429EEE。

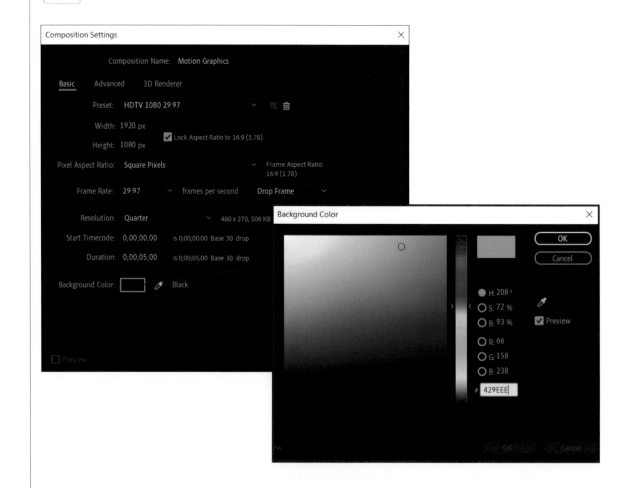

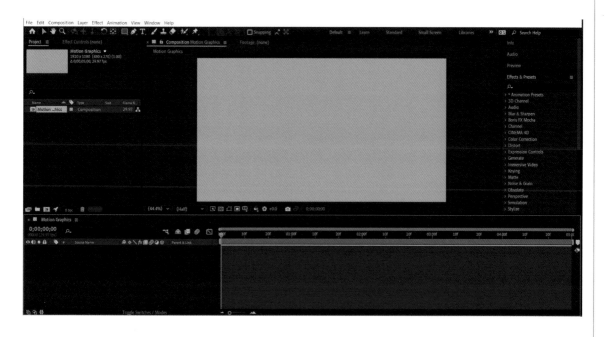

2 同樣地，開始製作動畫之前，先儲存目前的進度，File > Save As，快捷鍵：Ctrl + S。檔名與儲存路徑設定完畢後再按下 Save 即可。

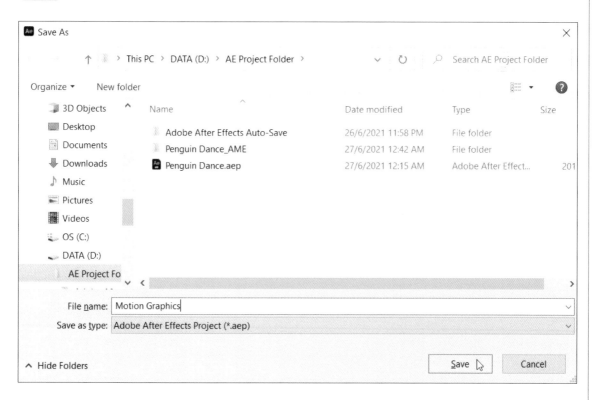

3 先新增一個圓形，只要長按 Rectangle Tool ▣ 方形工具，圖標就會展開，此時就可以選用提供圖形工具的選項。

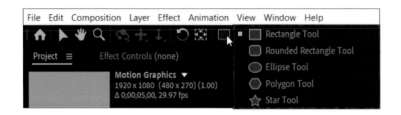

4 選用 Ellipse Tool ⬤ 工具，並在監視畫面拖曳出圓形，同時按住 Shift 以鎖定圓形的長寬比，確保畫出來的是正圓形。

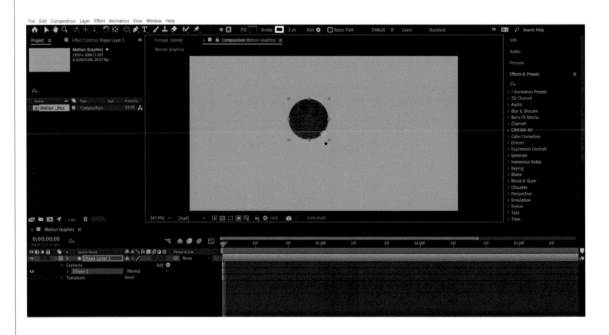

利用圖形繪畫工具時，按住 Ctrl 跟 Shift 都會有不一樣的效果，以下是它們的概述。

工具	長按 Ctrl 功能	長按 Shift 功能
Round Rectangle Tool	改由圖形中心開始設定大小	把圖形鎖定為等邊
Ellipse Tool	改由圖形中心開始設定大小	把圖形鎖定為圓形
Polygon Tool	N/A	把圖形水平鎖定
Star Tool	改變 outer radius（外圈半徑），控制「尖端」的長度	把圖形水平鎖定

新增圖形後，建議把游標改回 Selection Tool 狀態（快捷鍵：V），避免意外新增其他圖形或圖層。

5 完成後至上方工具列改變圖形的填充顏色與改變外框模式。

把填充顏色改為白色

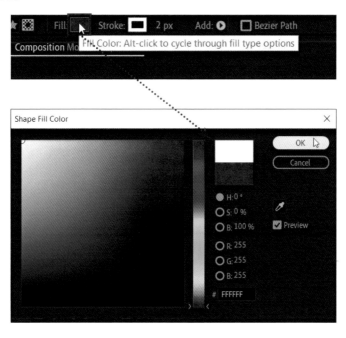

取消外框

在新增圖形時，可以發現時間軸上也會同時自動新增一個 Shape Layer（圖形圖層），而圖形會自動變成它的內容，並存放在 Contents 選單下。值得注意的是，利用圖形工具新增的「圖形」在 After Effect 的邏輯是一個「Group」（群組），當中還包含了圖形的 Path（路徑）、Stroke（外框）、Fill（填充）、Transform（變形控制）。

如果在 Shape Layer（圖形圖層）被點選的情況下新增其他圖形，新圖形會被放在同一圖層。

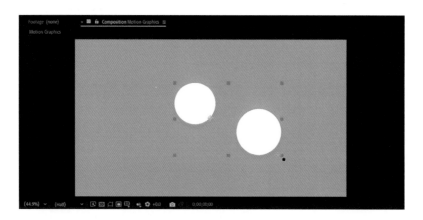

新增的 Ellipse2 會被放在同一個 Shape Layer 裡

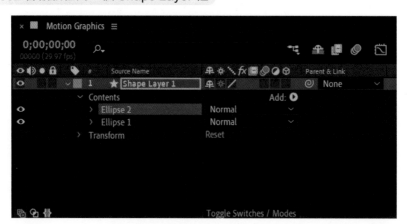

創作者可以根據需求，選擇要不要把其他圖形放在同一個圖層。如需要把新圖形置於新圖層，則需要先點選時間軸上的其他位置，以取消選取圖層。

圖層選取狀態

圖層被取消選取狀態

再新增一個圓形

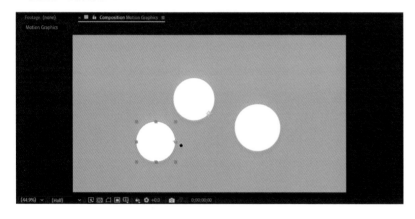

就會自動新增圖層

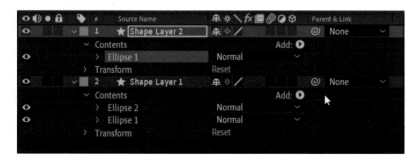

基本移動

首先介紹以 Selection Tool ▶（快捷鍵：V）進行移動，其操作非常直觀。單次點選可選擇圖層，以及當中的所有圖形；對準目標圖形連續點選兩下則可選擇單一圖形。點選後可以直接拖曳圖形（們）做移動。若移動時需要鎖定 X 軸或 Y 軸，拖曳時按住 Shift 即可。

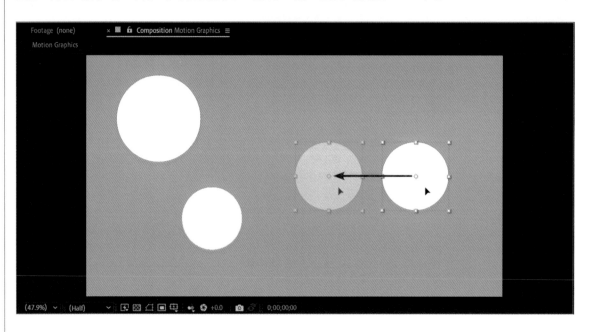

同時，也可以利用 Selection Tool ▶（快捷鍵：V）做縮放，若需要做「等比縮放」，在拖曳時一樣按住 Shift 即可。

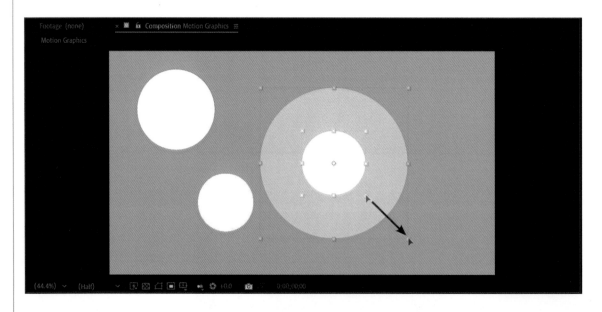

當創作者需要做細部調整時,可以利用時間軸上的控制選單。所以接下來要介紹的功能,是利用選單移動圖形,這部分相對複雜的地方,在於圖形與圖層都有獨立的 Transform 控制選單,因此會比較容易混淆。

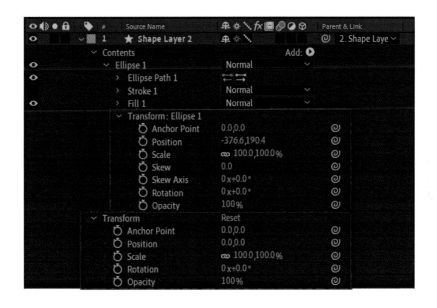

以圖中的 Shape Layer 2 為例,可以發現有兩個 Transform 列表:「Transform: Ellipse 1」與「Transform」。

「Transform: Ellipse 1」是針對該群組的設定,在這個情況下就是針對 Ellipse 1;而「Transform」則是針對整個圖層做設定。

以「Transform: Ellipse 1」的移動控制為例,Shape Layer 2 > Contents > Ellipse 1 > Transform: Ellipse 1。

跟 Adobe CC 其他系列軟體一樣,可以利用直接輸入或拖曳數值方式更改參數。

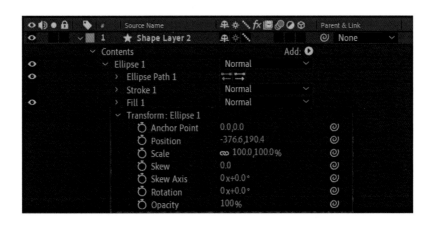

需要移動圖形時，則需要更改 Position 參數，以上圖為例：-376.6 為 X 軸座標、190.4 為 Y 軸座標；當 X 軸座標變大時，圖形會往右移動；當 Y 軸座標變大時，圖形會往下移動。

更改 Position 的 X 軸參數以平移圖形

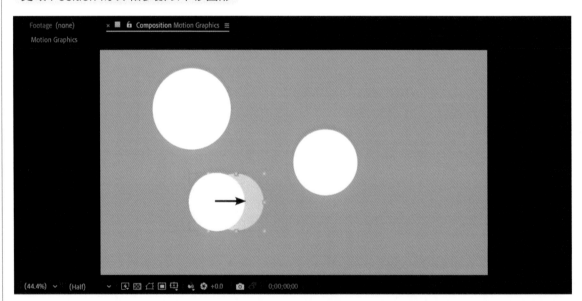

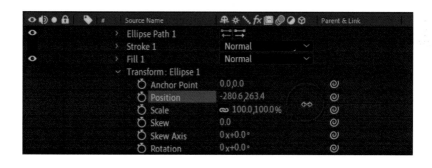

更改 Position 的 Y 軸參數以垂直移動圖形

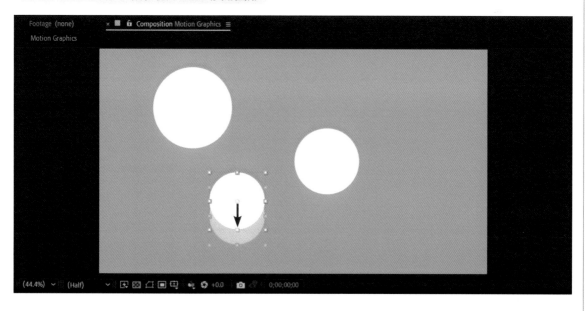

如果需要移除項目，點選需移除的項目後按 Del 鍵即可。

刪除圖層內容

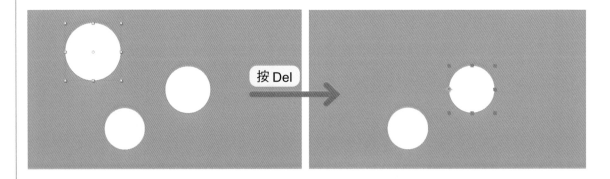

刪除圖層

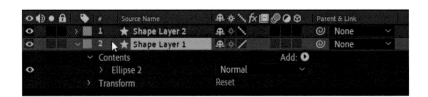

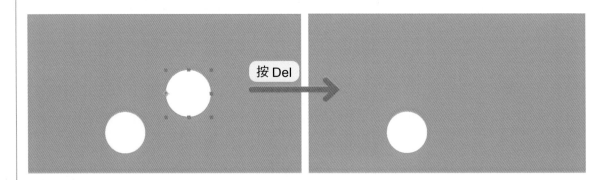

更改項目名稱

創作者也可以在 After Effect 的時間軸上更改圖層與內容項目的名稱，讓創作自由度增加。以 Shape Layer 2 為例，可以在點選圖層後按右鍵再選擇 Rename，或者在點選圖層後直接按「Enter」，都可以更改項目名稱。

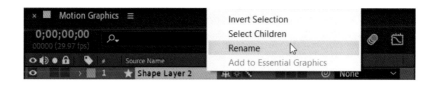

如果是內容項目的話，同樣在點選後，按「Enter」就可以更改其名稱。

7.2 動態圖形動畫（一）：圓形變化效果

加入圖形

1 利用 Project 面板上的 Create a new Composition ▥ 快捷鍵新增一個 Composition，並設定背景顏色為 #429EEE。

2 點選工作列上的 Rectangle Tool ▥ 方形工具（快捷鍵：Q），接下來在監看畫面繪出方形。工具預設是以對角長度設定方形大小；按住 Ctrl 則改由圖形中心開始設定方形大小；按住 Shift 則可把方形鎖定為等邊。再把圖形填充顏色改為白色並取消外框。（此階段並不需要注意它的位置。）

3 把方形置中，移到畫面的中央。利用右方 Align 面板的 Align Horizontally ▥ 水平置中按鍵，就可以讓圖形左右置中於畫面。

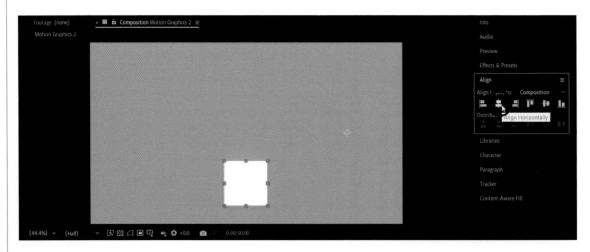

利用 Align Vertically 的垂直置中按鍵，讓圓形置於畫面中央。

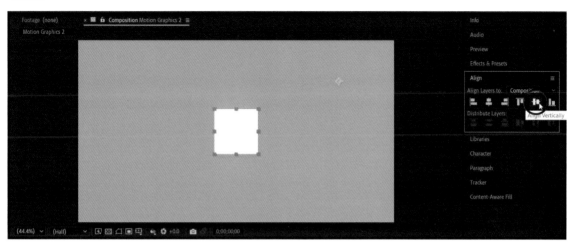

利用 Selection Tool ▶（快捷鍵：V）點選圖層，再以 Pan Behind (Anchor Point) Tool ⊞（快捷鍵：Y）改變圖層錨點位置，以便之後的調整。在移動時，按住 Ctrl 會自動黏著圖形的中心點。

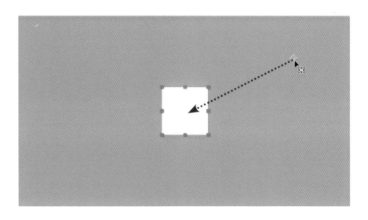

6 打開圖層的下拉式選單：Shape Layer 1 > Contents > Rectangle 1 > Rectangle Path 1 > Roundness，並把 Roundness 參數改為 134（Size 參數：268/2）。讓正方形變成圓形。

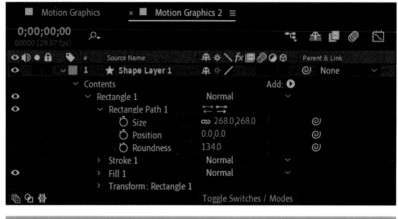

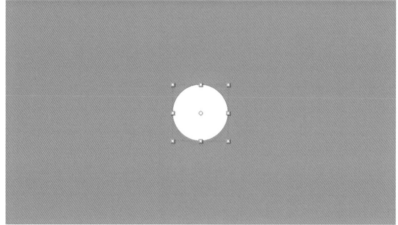

加入關鍵影格

1 先連續點選圖形兩下，以選擇圖形本身（非圖層）。至變形控制：Shape Layer 1 > Contents > Rectangle 1 > Transform: Rectangle 1 > Position，並按下 ⏱ 把目前的座標設為關鍵影格。

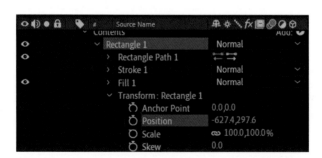

2 按 下 Anchor Point、Scale、Rotation 以 及 Shape Layer 1 > Contents > Rectangle 1 > Rectangle Path 1 > Roundness 的 ⏱

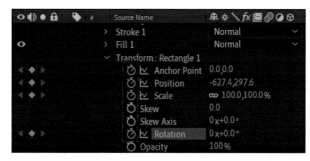

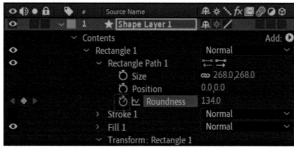

3 當然，把選單都展開並不利控制與設定，此時就可以按下快捷鍵：U，讓時間軸只顯示正在作用的影格項目。

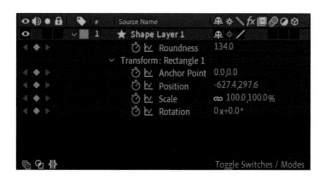

4 把時間指針 拖曳至 0;00;00;10，利用 Selection Tool （快捷鍵：V）把圖形點選兩下，以選擇圓形本身。然後再往下拉，拉動時按住 Shift 以確保圖形垂直往下移動。

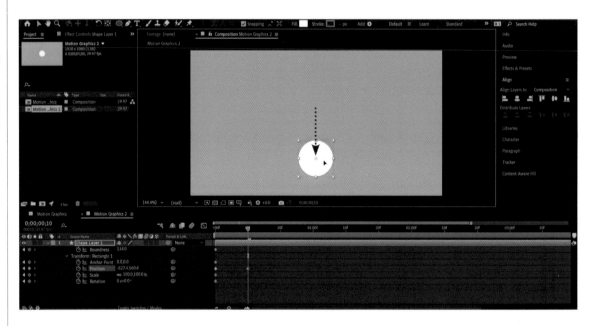

5 此時，被更改參數的項目會自動產生影格，但其他項目卻不會。所以就需要手動加上影格，以利後續動畫設定。請按下項目左方的 。

6 接下來使用 Pan Behind (Anchor Point) Tool （快捷鍵：Y）把錨點移到圓形的底部。

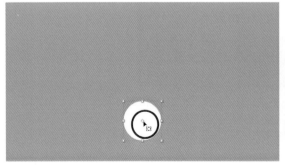
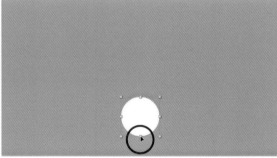

7 然後再調整 Scale，解鎖長寬比，把 Y 軸比例設為 88%。

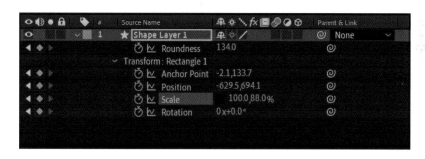

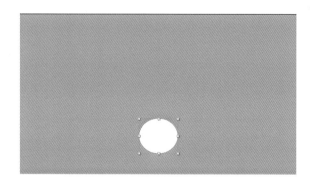

8 將時間指針 拖曳至 0;00;00;20，再框選所有在 0;00;00;00 的關鍵影格，按下 Ctrl + C 再按下 Ctrl + V，就會自動把影格複製至新時間點。

9 　點選 Position 的 Y 軸參數，並在數值後加入「-200」再按 Enter，讓 Y 軸數值再減 200，
從而令圖形再往上移。

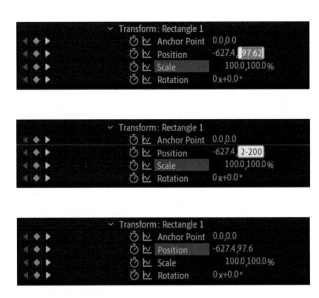

10 　時間指針 拖曳至 0;00;01;00，再框選所有 0;00;00;10 至 0;00;00;20 的影格，按下
Ctrl + C 再按下 Ctrl + V，就會自動把影格複製至新時間點。

11 把時間指針 ![pointer] 拖曳至 0;00;01;20，把項目改成以下參數，Roundness：0、Anchor Point：0.0, 0.0、Position：-627.4, 560.4、Scale：100%, 100%、Rotation：-3x -180。

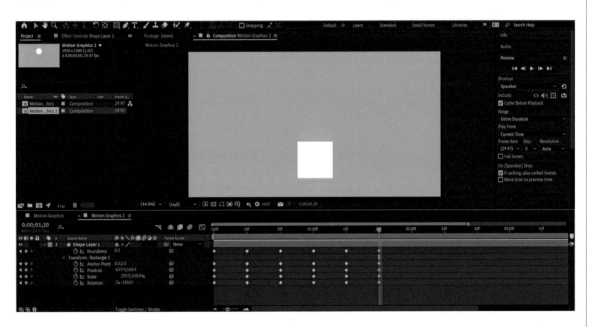

12 為了讓動畫細緻度提升，按住 Shift 點選 Anchor Point、Position、Rotation 的第 5 格關鍵影格，並把它們往前移動 4 格。

13 點選 Roundness 的第 5 格關鍵影格，並把它往前移動 2 格。

14 按住 Shift 點選 Roundness、Rotation 的第 6 格關鍵影格，並把它們往前移動 1 格。

15　為了讓圖形在最後一次可以停留在高處久一點，把時間指針 ▼ 拖曳至 0;00;01;10 並把 Position 的第 5 個影格複製到這個時間點。

先點選影格

按下 Ctrl + C 再按下 Ctrl + V

16　最後一步就是全選所有影格，再按下 F9，讓所有影格變成「Easy Ease」狀態，動畫就會變後更流暢。

框選所有影格

按下 F9

大功告成！

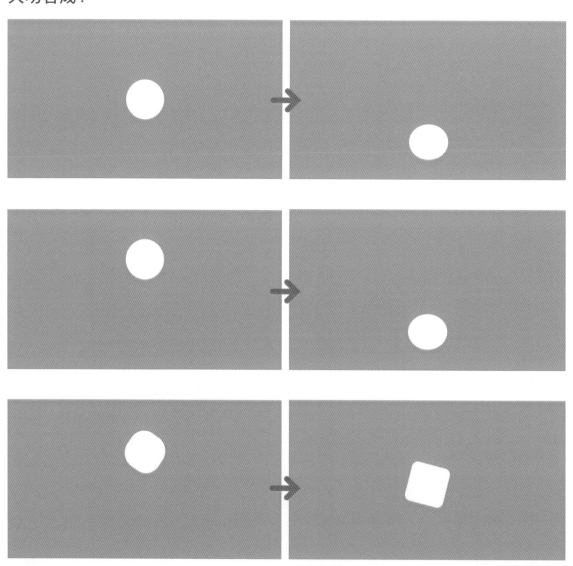

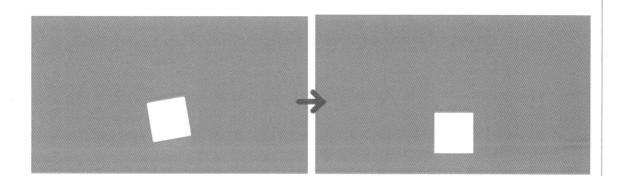

7.3 基本路徑操作方式

「路徑」（Path）在 After Effect 裡可説是一個重要的元素，其特性如下：沒有填充顏色或外框的話，都會是透明；「路徑」加上外框的話可以成為線條；加上填充顏色的話可以繪畫出各式各樣的圖形；把參數複製至其他圖形，也可以成為其他圖形的移動路徑。

新增「路徑」

利用 Pen Tool 貝茲曲線工具（快捷鍵：G）可以在監看畫面描繪出「路徑」（Path），其使用方式靈活，任何類型的線條都能畫出。選用工具後，先至工具列設定填滿與外框的樣式。

建議描繪路徑時，將填滿與外框效果關掉，以便調整線條。

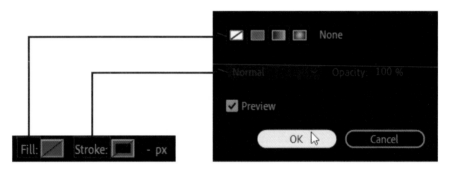

在直接按下滑鼠設錨點的情況下，錨點間的線會是直線，若要描繪有轉折角度的線，把錨點設在轉角即可。

以描「9」的外邊界為例

若要描繪曲線，在按下滑鼠錨點後不放開，並繼續拖曳，拉出控制點，產生平滑曲線。

以描「9」的外邊界為例

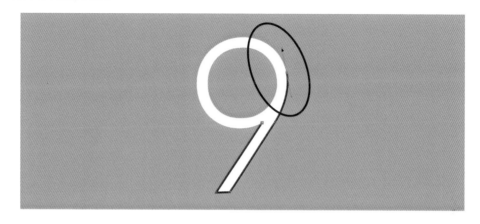

若路徑不需形成一個「迴圈」（開始與結束於同一錨點），則需要在最後一個錨點上連續點選兩次，以結束描繪。

當路徑要形成迴圈，貝茲曲線工具的右下方會出現小圓形，只要再做點選，結束錨點就會回到起始錨點。

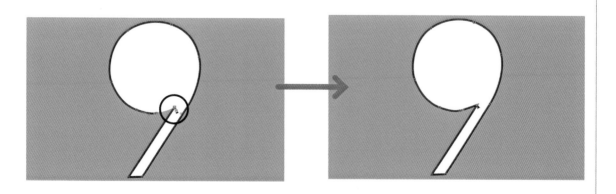

若需在完成的路徑做編輯，則繼續選用 Pen Tool ✏ 貝茲曲線工具，並點選需要移動的錨點，此時錨點會從「空心」變成「實心」，就可以調整其位置與控制點。

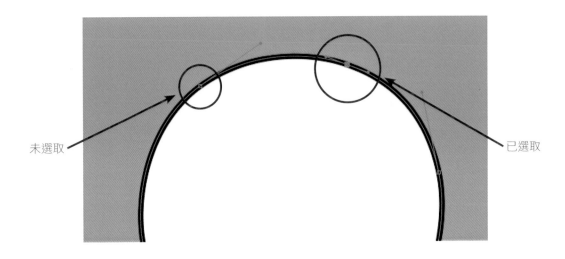

未選取　　　　　　　　　　　　　　　　　　　　　　　　已選取

在錨點被選取的狀態下，也可以按 Del 做刪除。

刪除錨點後前後錨點將會連起

需要新增錨點時，則在錨點間的路徑做點選，游標右下方會以「＋」號做標示。

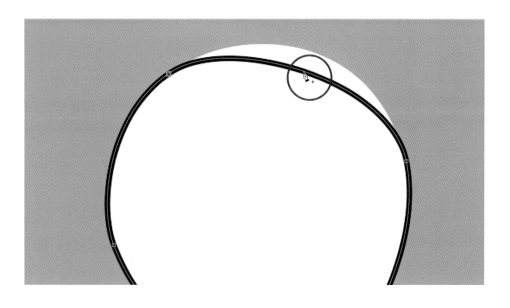

填充與外框

透過填充與外框設定，「路徑」就可以呈現為線條、圖形。其設定方法有二：

第一，利用上方工具列的快捷鍵。

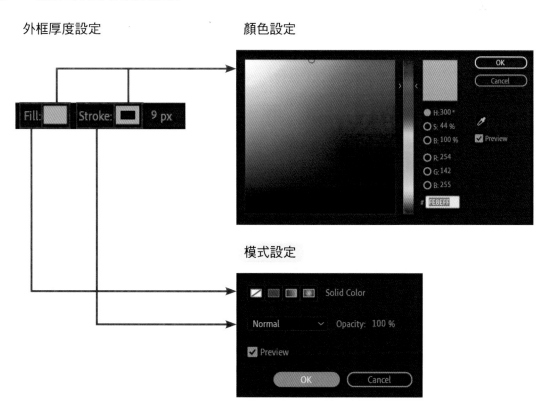

第二，是利用時間軸的選單設定。

新增路徑時，跟新增圖形一樣，After Effects 同樣會新增一個 Shape Layer（圖形圖層），在 Shape 群組中還可以發現 Stroke（外框）、Fill（填充），打開即可發現顏色設定。除了可以更改顏色，還可以加入關鍵影格，讓顏色隨著時間變化。

7.4 動態圖形動畫（二）：煙火效果

加入圖形

1 利用 Project 面板上的 Create a new Composition ▦ 快捷鍵新增一個 Composition，並設定背景顏色為 #429EEE。

2 利用 Pen Tool ✏ 貝茲曲線工具（快捷鍵：G）畫出一條曲線，這條曲線將會成為煙火散開的路徑。同時把其外框設定為 9px。

圖形與位置可根據個人喜好做不同變化

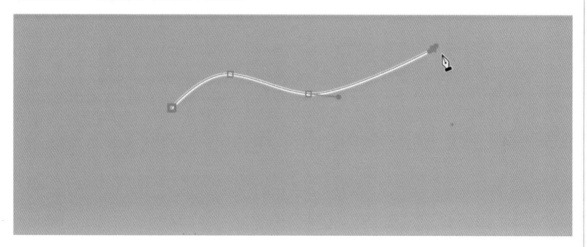

3 以 Ellipse Tool ⬭ 工具，在同一個圖層上畫出一個圓形。

圖形與位置可根據個人喜好做不同變化

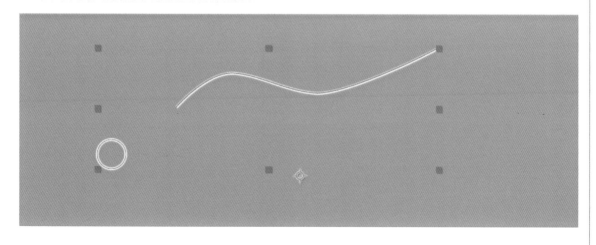

4 接下來展開 Shape Layer 1 > Contents > Shape 1 > Path 1 > Path，點選後按 Ctrl + C
進行複製，把參數貼上至 Shape Layer 1 > Contents > Ellipse 1 > Transform：Ellipse 1
> Position。

5 貼上後，Path 1 路徑就會被複製至圓形，關鍵影格也會自動產生，只是圓形的起始位置會
移動至下方。

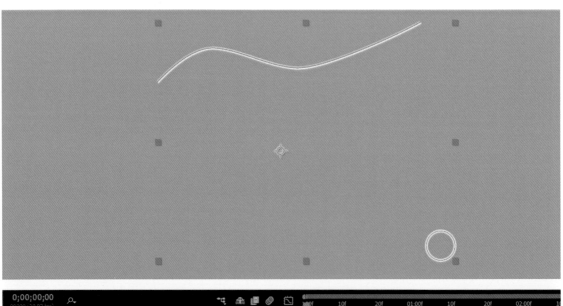

6 更改 Shape Layer 1 > Contents > Ellipse 1 > Transform : Ellipse 1 > Anchor Point 的座標，讓圓形回到路徑的起始點。

此座標值會根據圖形在描繪時位置不同而改變，這裡僅供參考。

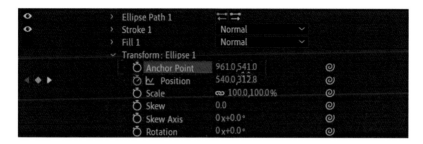

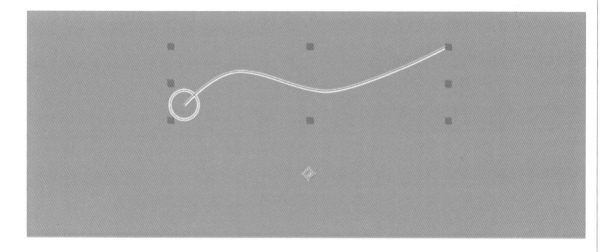

加入 Repeater 效果

1 當滑動時間指針 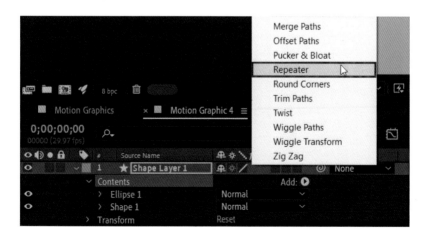 時，會發現圓形可以沿著曲線移動。我們先點選 Shape Layer 1 > Contents，再點開 Contents 右方的 Add，加入 Repeater 效果。

2 Shape Layer 1 > Contents 下會多出 1 個內容：Repeater 1，同時，畫面中的圓形與曲線會被複製成 3 個。

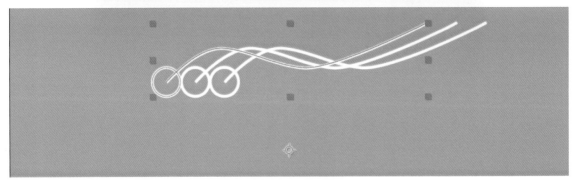

3 把 Repeater 1 展開，把設定以下參數，Copies: 8、Position:0.0, 0.0、Rotation:0x +45.0。

圖形會被複製並平均散開

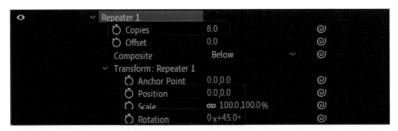

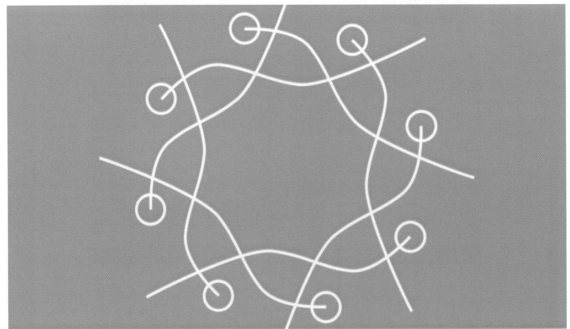

但因需要的效果為全部圓形都從中心點出發，所以需要用 Transform：Repeater 1 的 Anchor Point 做調整。

此座標值會根據圖形在描繪時位置不同而改變，這裡僅供參考。

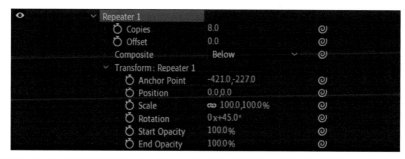

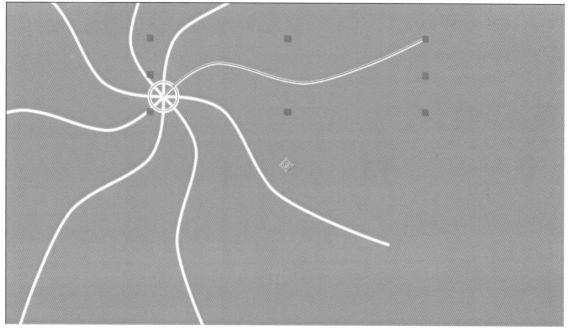

選擇 Layer ＞ Transform ＞ Center Anchor Point in Layer Content 再利用圖形的錨點移動至圖形中央，然後在 Shape Layer 1 的 Transform 做調整，把整體圖形縮小並移動到畫面中間。

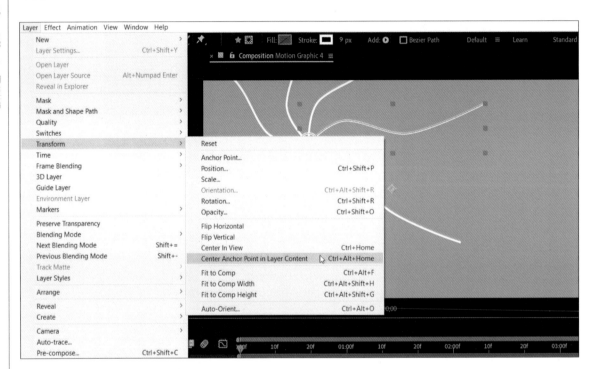

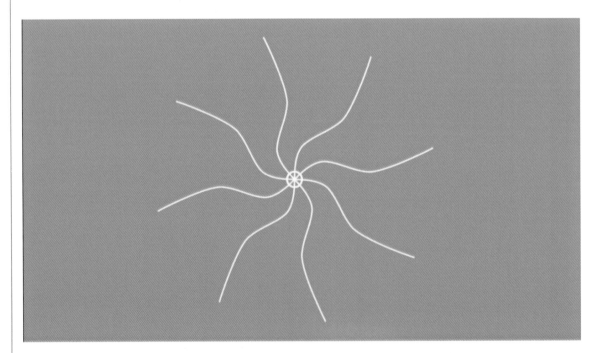

加入 Trim Paths 效果

1 接下來要把線條部分變得更細緻，點選 Shape Layer 1 > Contents ，再點開 Contents 右方的 Add，加入 Trim Paths 效果，再把 Ellipse 1 移動到 Trim Path 1 之下。

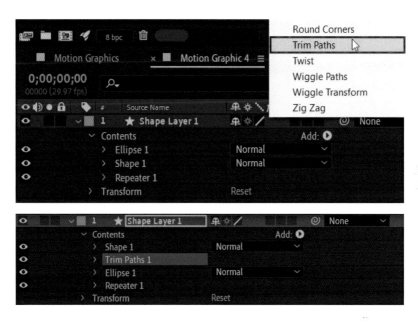

2 把時間指針 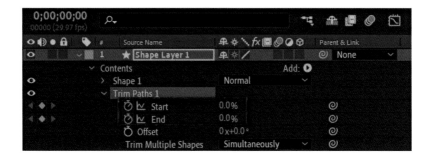 移到 0;00;00;00，展開 Trim Paths 1 並設定參數，Start: 0%、End: 0%，並按下 ⏱ 。

3 時間指針 再移到 0;00;01;20，把 Trim Paths 1 設定以下參數，Start: 100%、End: 100%。

再把 End 的 2 個關鍵影格往後移 10 格。

 至 Shape Layer 1 > Contents > Shape 1 > Transform: Shape 1 > Opacity。

@0;00;00;00 > Opacity:0%

@0;00;01;00 > Opacity:100%

@0;00;02;00 > Opacity:0%

至 Shape Layer 1 > Contents > Shape 1 > Stroke 1 > Stroke Width。

@0;00;00;00 > Stroke Width: 50

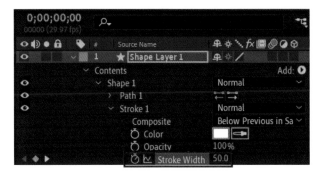

@0;00;02;00 > Stroke Width: 0

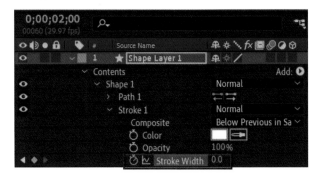

至 Shape Layer 1 > Contents > Shape 1 > Stroke 1 > Line Cap，並把它設定為 Round Cap。

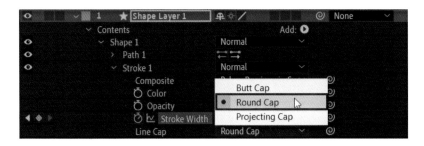

調整圓圈效果

 先把它出現時間延後，至 Shape Layer 1 > Contents > Ellipse 1 > Transform : Ellipse 1 > Position，並把當中的關鍵影格全選後，往後移 15 格。

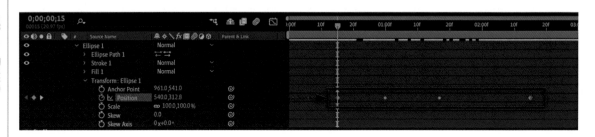

 至 Shape Layer 1 > Contents > Ellipse 1 > Transform : Ellipse 1 > Opacity。

@0;00;00;00 > Opacity: 0%

@0;00;01;10 > Opacity: 100%

@0;00;02;20 > Opacity: 0%

3 最後一步就是點選 Shape Layer 1 再按下快捷鍵：U，展開所有在作用的影格。全選所有影格，再按下 F9，讓所有影格變成「Easy Ease」狀態，動畫就會變後更流暢。

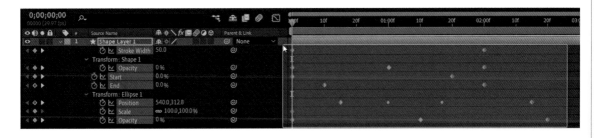

按下 F9

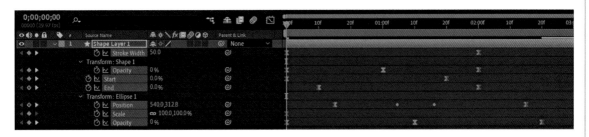

大功告成！

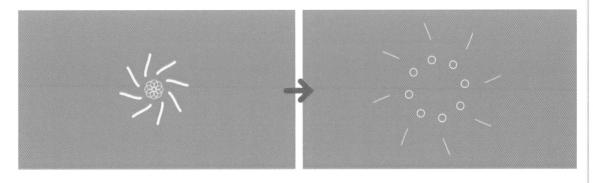

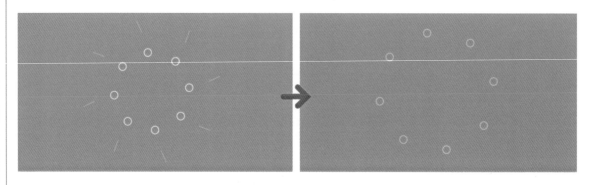

Chapter 08
文字動畫

8.1 Animate

After Effects 除了視覺特效功能，文字 Animate 功能也相當強大。Animate 能夠創造多樣化文字動畫，利用位移、縮放、扭曲、旋轉、透明度、填色…等屬性參數值的交互變化，加上單字（Word）或字元（Character）的控制選擇，文字動畫不再只是呆板地飛入、轉出或放大消失…等效果，只要您能抓住 Animate 的設定訣竅，製作專業電影的文字動畫不成問題。

文字 Animate 有兩種控制方式：Range Selector 與 Wiggly Selector。Range Selector 可以控制 Animate 作用影響的範圍，再透過 Keyframe 設定影響範圍的變化，因而產生文字動畫；Wiggly Selector 則可以讓 Animate 的屬性產生隨機變動的值，因此 Wiggly Selector 不必設定 Keyframe，只要套用就能根據該屬性性質產生隨機的動畫，例如使用 Wiggly Selector 來控制 Scale 縮放屬性，就可以產生隨機變動的文字縮放動畫。

由於是第一次接觸文字 Animate 動畫，下面先利用簡單的練習，讓讀者分別了解 Range Selector 與 Wiggly Selector 的原理與用法。

Range Selector

1 請先新增一個 Composition，在 Composition Name 欄位輸入 Text Animation。本練習準備製作 5 秒鐘的動畫，請將 Duration 欄位的值改為 0;00;05;00，為符合本範例練習的影片尺寸，請將寬高分別設定為 Width:1920、Height:1080。

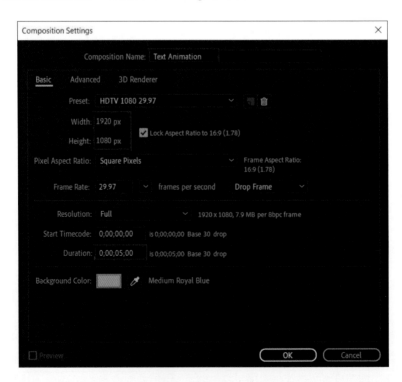

2 複製並匯入 Chapter 8 的素材圖片 Sunset.jpg 作為底圖之用，使用文字工具在 Composition 畫面上新增文字：Love Story，並依個人喜好調整適當的文字樣式，本書範例如下：

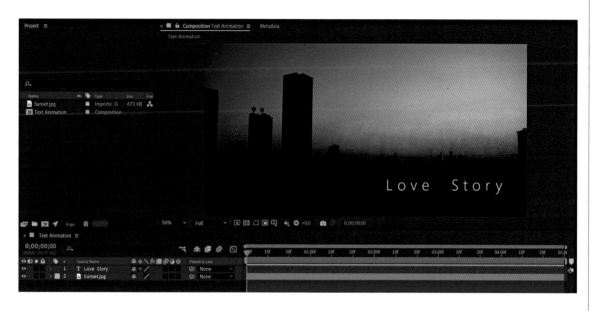

3 切換至時間軸選擇 Love Story 文字物件，展開 Text 項目，按下 Animate 右方箭頭小圖示，選擇「Fill Color > RGB」準備為文字填入顏色。

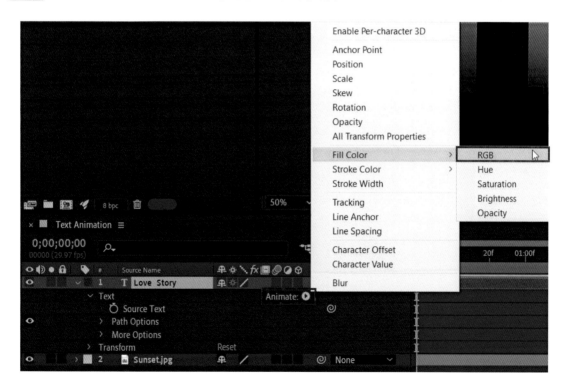

4 剛才的動作表示加入了 Animate 的一個 Fill Color 屬性，預設值會新增一個控制器為 Range Selector 1，預設填色為紅色。

5 接著展開 Range Selector 1，請試著自行調整 Start 的參數值，並檢視文字顏色的變化。所謂 Start 是指影響範圍的起點，End 則是指影響範圍的終點，Offset 則是指影響範圍的偏移量；若將 Start 值調整為 50%，表示填色影響範圍的起點移至文字中心，因此只有後半部為紅色，前半部不受填色影響而呈現原本的白色文字。

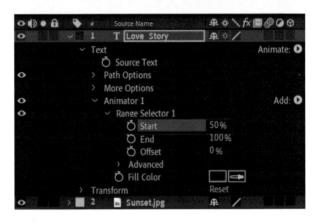

Start：影響範圍的起點　　　　End：影響範圍的終點

若讀者有試著去調整 Start、End 或 Offset 參數，就會發現文字顏色動畫將隨著數值的改變而產生，所以如果我們在這幾個參數上設定 Keyframe，就能產生逐字變色的動畫。

以上僅讓讀者先認識 Range Selector 的控制範圍如何設定，接下來我們將利用 Keyframe 設定來產生簡單的逐字動畫。

1 請先選擇剛剛新增的 Fill Color 參數，並將它刪除。

2 按下 Add 右方箭頭小圖示，分別選擇「Property > Position」與「Property > Opacity」，準備為文字加入位移和透明度的參數（下拉式選單中的參數可依需要加入，Range Selector 都能一起控制）。

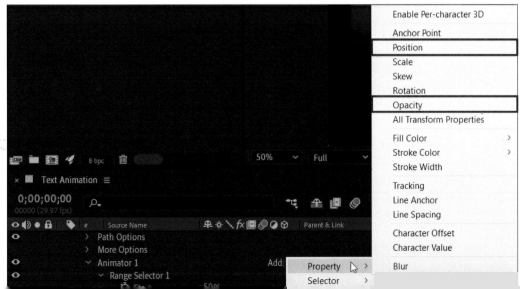

3 調整 Position 參數值為 Y:-30、Opacity 為 10%，目的在讓文字往上稍微移動且透明度降低（因顧及書籍圖例清楚之故，這邊的透明度設定為 10，讀者可試著設定為 0，其效果較佳）。

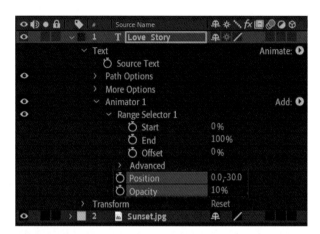

4 展開 Range Selector 1，將時間指針移至 0;00;00;00，啟動 Keyframe 功能，再將 Start 參數值調整為 0%。

5 將時間指針移至 0;00;03;00，調整 Start 參數值為 100%。

6 請按下鍵盤的「空白鍵」或切換至 Preview 面板，按下 ▶ 按鈕即可執行預覽。

7 最後文字動畫結果如圖所示。

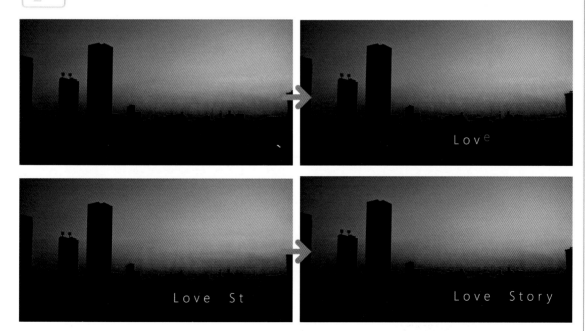

Wiggly Selector

接下來會利用同一個專案，並把當中的 Range Selector 更改為 Wiggly Selector，就可以發現兩種 Selector 產生的動畫所帶來不一樣的感覺。

1 請打開 Project 面板，並點選剛剛的 Composition：Text Animation，並按下快捷鍵 Ctrl＋D 進行拷貝，After Effects 就會將它動取名為 Text Animation 2。

2 然後點選時間軸上的 Range Selector 1 並按下 Delete 把它刪除。

3 按下 Add 右方箭頭小圖示，選擇「Selector > Wiggly」。

之前所設定的 Position 以及 Opacity 參數都會被保留，在 Wiggly Selector 的控制下，產生隨機的位移與透明度，而方才所設定的參數值大小就是位移與縮放隨機變更的範圍值。

你會發現 Wiggly Selector 的動畫在此情況下會變得比 Range Selector 的更生動。

此外，創作者也可以透過 Wiggly Selector 的下拉式選單，細調其參數，或移動關鍵影格，讓效果可以隨著時間而變化。

常用效果解說如下：

Max Amount	調整效果幅度最高值	若最高跟最低值都設為 0%，效果無法產生作用。因此可透過關鍵影格，讓它們成為效果的開關。
Min Amount	調整效果幅度最低值	
Based On	作用效果範圍	• 預設為「Characters」，效果就會對每一個「字元」作用。 •「Characters Excluding Spaces」效果會對每一個「字元」作用，但不包含空格。 •「Words」效果會針對每個「單字」作用。 •「Lines」效果會針對每一行「句子」作用。
Wiggles/Second	頻率	每秒鐘效果作用的次數，數值越大，效果作用就越密集。

Range 與 Wiggly Selector 的綜合應用

1 先新增一個 Composition，本練習準備製作 5 秒鐘的動畫，請將 Duration 欄位的值改為 0;00;05;00，長寬設定為 Width:1920 px、Height: 1080 px，背景顏色可自訂（不影響後續的操作）。

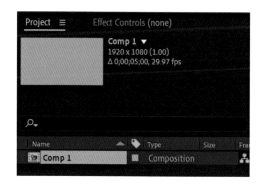

2 After Effects 提供一些動態背景的範本，讓使用者可以直接套用效果，執行功能表「Animation > Browse Presets」後，Adobe Bridge 將會自動開啟。以本範例為例，將使用「Presets > Backgrounds > Circuit」作為動態背景。

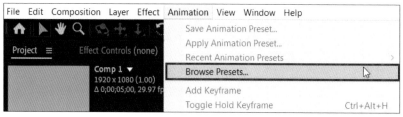

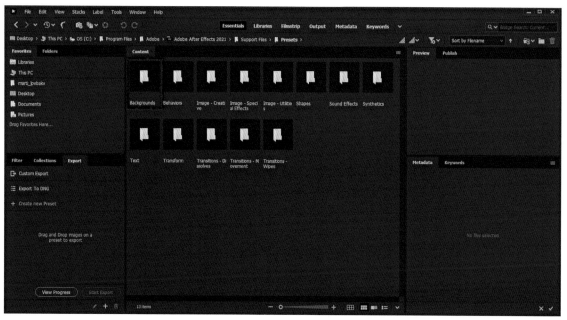

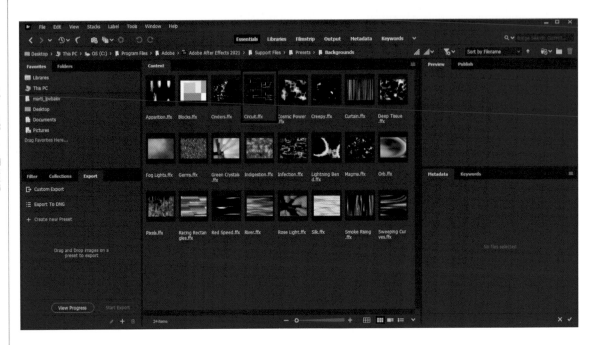

3 將滑鼠點兩下後，背景範本將自動套入至 Composition。

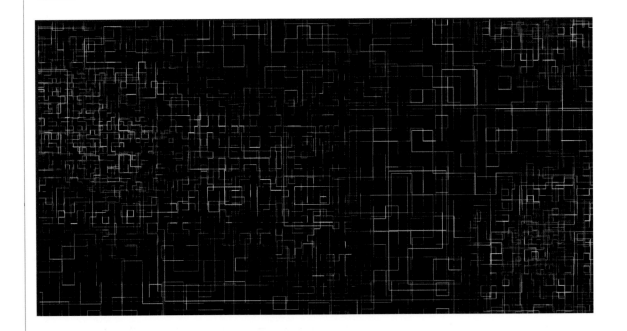

4 請在監看畫面上新增文字：Artificial Intelligence，並依個人喜好調整適當的文字樣式。

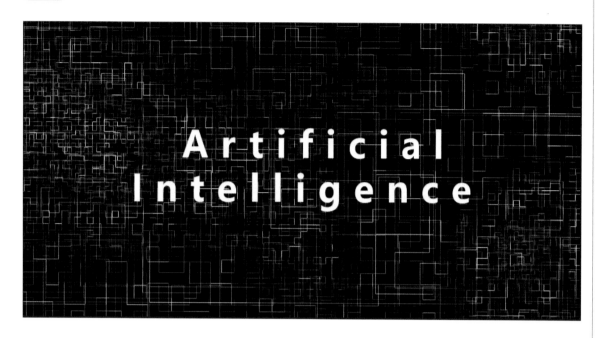

5 展開文字物件的 Text 項目，按下 Animate 右方箭頭小圖示，選擇「All Transform Properties」以新增變形屬性。

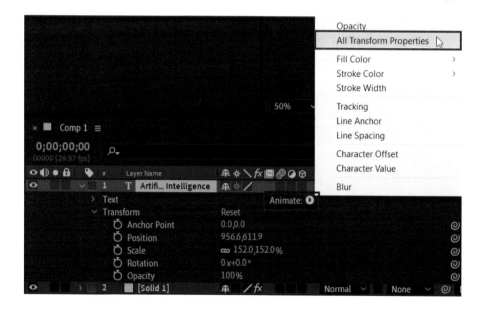

6 待會設定的文字動畫大致上是希望由右下方逐字縮放淡入到原位，因此本範例中 Position 值將設定為 X: 650、Y: 461；Scale 值為 150%；Opacity 值為 20%。

7 啟動 Range Selector 1 項目下的 Start 與 Position 參數的 ⏱ 影格功能，並確定時間軸指針在 0;00;00;00，以設定第一個 Keyframe。

8 移動時間軸指針至 0;00;01;00，設定將 Start 值為 100、Position 值為 X: -600、Y: 175，目的在讓字元返回原位的同時，產生位移的效果，字元飛入的路徑會更為豐富。

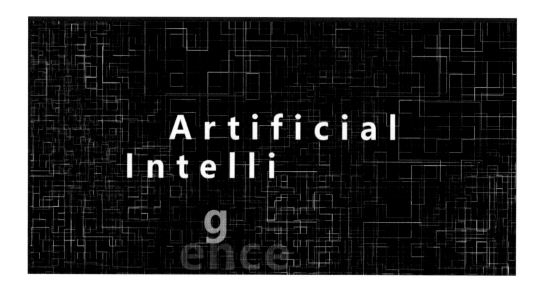

當物體移動速度快時，加上 Motion Blur（動態模糊）可以增強其速度感，在 After Effects 中可輕
鬆完成 Motion Blur 效果，但是前提是您的設計屬於快速變化的動畫，Motion Blur 的效果才會
明顯。本範例練習文字物件動作的變化時間為 1 秒鐘，因此非常適合再加上 Motion Blur 的視覺
效果。

9 先按下時間軸面板上的 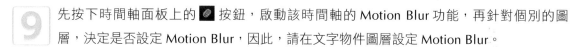 按鈕，啟動該時間軸的 Motion Blur 功能，再針對個別的圖
層，決定是否設定 Motion Blur，因此，請在文字物件圖層設定 Motion Blur。

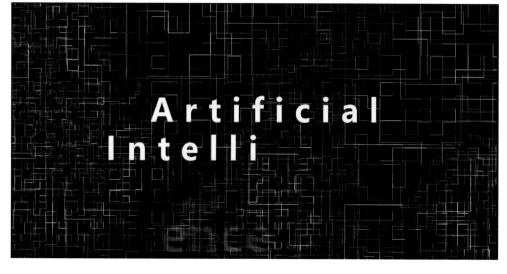

10 以上操作步驟都是 Range Selector 的設定，接著準備另外新增一個 Animate，並運用 Wiggly Selector 來控制 Blur 模糊屬性。按下 Animate 右方箭頭小圖示，選擇「Blur」。

11 由於另外新增了一個 Animate，因此產生了第二個 Animate 2，而其預設的屬性控制器為 Range Selector。

12 請按下 Animate 2 的 Add 右方箭頭小圖示，選擇「Selector > Wiggly」。由於 Wiggly Selector 是另外新增的，因此原本的 Range Selector 與 Wiggly Selector 目前是並列於 Animate 2 項目之下。

13 因為沒有使用 Range Selector，請選擇後按下鍵盤「DEL」刪除，留下 Wiggly Selector，並調整其項目下的 Blur 值為 X: 50、Y: 20（取消連結即可分別設定 X、Y 值）。

14 Wiggly Selector 預設值是控制個別字元（Characters）的隨機參數變化，若想改為整個單字的控制，請展開 Wiggly Selector 1 項目，將 Based on 參數改為「Words」。

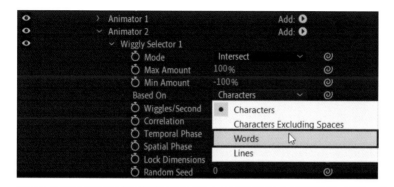

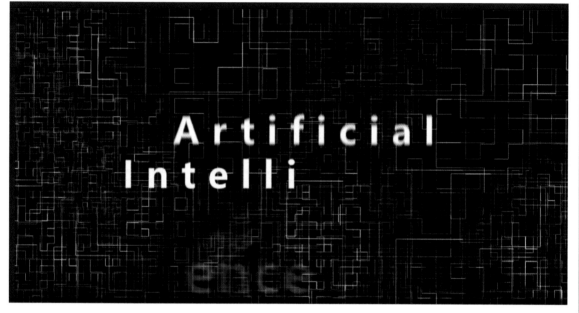

15 本範例練習還需要加入隨機晃動的效果，請再按下 Animate 2 的 Add 右方箭頭小圖示，選擇「Property > Position」，設定 Position 值為 X: 5、Y: 5（數值越大，晃動程度越大）。

16 如果要加強文字與背景的視覺融合效果,可透過圖層混和模式來調整。請先確定時間軸左下方 🔲 Transfer Controls Panel 按鈕啟動,圖層混和模式欄位才會顯示,請在 Mode 欄位將圖層混和模式設定為「Add」。

17 Range Selector 與 Wiggly Selector 可以同時控制文字物件。以本範例來說,Range Selector 主要產生字元位移(Position)和縮小(Scale)的變化,我們另外新增一個 Animate,利用能夠產生隨機值的 Wiggly Selector 來控制字元模糊的變化,讓 Range Selector 與 Wiggly Selector 交互運用,產生更豐富搶眼的文字動畫。

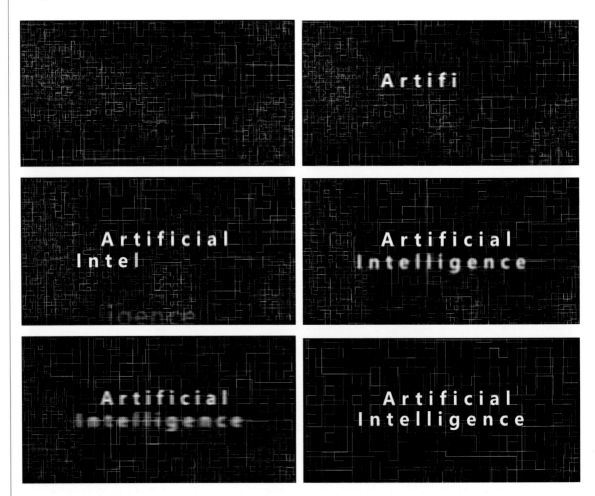

8.2 黑板手寫字

1 新增 Composition，命名為 Hand-write Text，寬度 Width 設定為 1920、長度為 1080，時間長度為 0:00:05:00。

2 接著製作黑板背景，先把工具列的圖形工具改成 Rectangle Tool ▣ 方形工具，再連續按兩下，After Effects 就會自動新增一個與 Composition 一樣大小的 Solid 色塊，再把改為墨綠色，顏色為 #032506。

3 接下來替這塊墨綠色 Solid 添加 Noise 效果,讓黑板看起來更有質感。在 Effects & Presets 面板找到「 Noise & Grain > Fractal Noise」,拖曳該特效至 Solid 上。

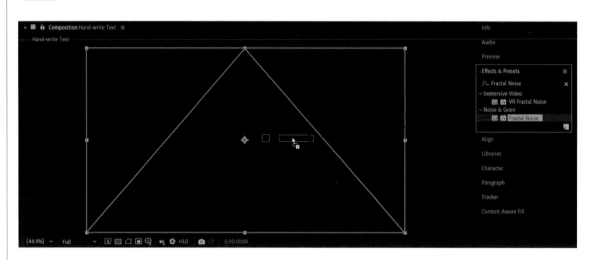

4 剛套上特效時,Fractal Noise 是預設的灰白雜訊,透過參數設定,便能將其調整為合適的質感。將 Fractal Type 選擇為 Rocky,調整 Contrast 為 20、Brightness 為 -10,展開 Transform 將 Scale 設定 14,最下方的 Blending Mode 選擇 Overlay 模式。

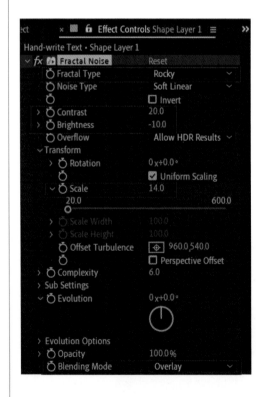

原先的墨綠色加上了雜訊質感

5 使用文字輸入工具，加上「After Effect」字樣，目前還不需要決定文字顏色，僅選擇字型、字體大小與字元間距即可，此為本書範例，讀者可自行輸入喜好的文字與樣式。

6 在文字圖層按右鍵，選擇「Create > Create Masks from Text」。這個操作是將文字轉換為遮罩（Mask），轉換完成的文字 Mask 會放置在 Outline 圖層之中，而原先的文字圖層則會自動隱藏。若將 Outline 圖層展開，便可在 Mask 裡找到建立好的許多文字 Mask。

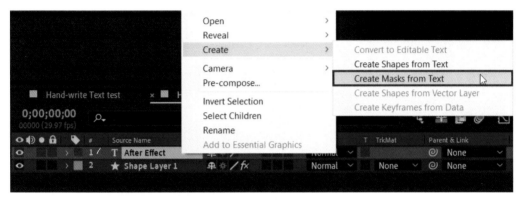

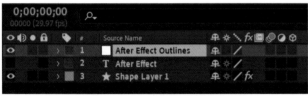

7 稍後的步驟需要兩個 Outline 圖層，所以先複製 Outline 圖層，操作「Edit > Duplicate」，或使用快捷鍵 Ctrl + D 亦可。複製完成後，點選圖層，按下 ENTER 鍵，分別將兩個〔After Effect Outlines〕命名為「Stroke」（筆劃）與「Outline」（外框）以方便辨別。

8 首先製作手寫字外框，先隱藏 Stroke 圖層，按下 Stroke 圖層前方眼睛 icon 即可隱藏該圖層。點選 Outline 圖層，操作「Effect > Generate > Stroke」。

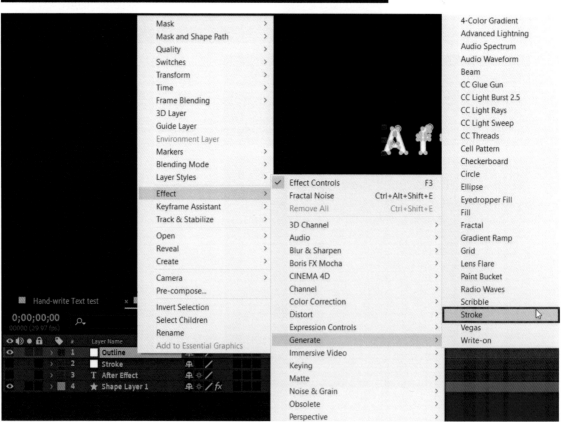

9 預設的 Stroke 只針對第一個字元做特效，要勾選「All Masks」之後，才會套用給所有 Mask；而 Color 可設定外框顏色、Brush Size 調整外框粗細，最後記得將 Paint Style 選擇為 On Transparent，讓 Mask 僅顯示外框。

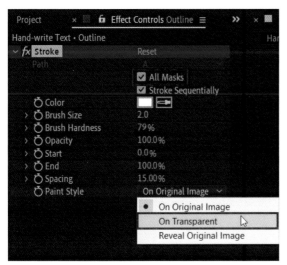 

10 把時間指針移到 0:00:03:00，按下 Effects > Stroke > End 的 Keyframe 設定按鈕，記憶此時間點 Keyframe 為 100%。接著移動指針到 0:00:00:00 位置，將 End 數值設定為 0。

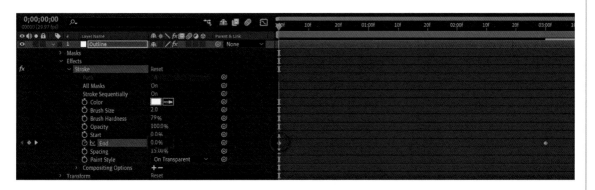

11 完成了手寫文字的外框動畫，將 Outline 圖層隱藏，讓 Stroke 圖層顯示。接著點選 Stroke 圖層，操作「Effect > Generate > Scribble」。

12 首先設定 Scribble 為 All Masks Using Modes，含有複合 Mask 的字元遮罩才會正常顯示。Opacity 為筆劃透明度、Angle 為手寫筆劃角度、Stroke Width 為畫筆粗細，讀者可依喜好自行設定。

13 將時間指針移到 0:00:03:00，按下 Effects > Scribble > End 前方 Keyframe 按鈕，記憶此時間點 Keyframe 為 100%。接著移動到 0:00:00:00，將 End 的值改為 0。

14 其中 Wiggle Type 是設定手寫筆劃的動態效果，有三個選項可以選擇，分別是 Static（靜態）、Jumpy（彈跳動態）、Smooth（滑順動態）。讀者可分別選擇預覽觀察效果。

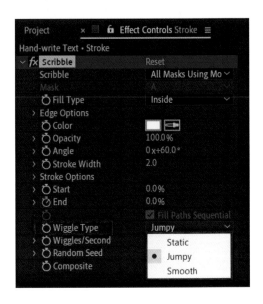

最後記得將先前隱藏的 Outline 圖層打開，並使用 Preview 預覽手寫文字的動畫效果。

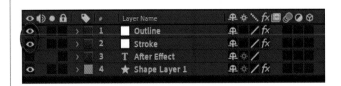

8.3 路徑文字動畫與遮罩文字動畫

除了利用 Range Selector 與 Wiggly Selector 創作文字動畫外，另外兩種常用創作方式就是「路徑技巧」與「遮罩技巧」。「路徑」可以提供文字移動的自由度；而「遮罩」則可以控制文字的顯示範圍。

路徑文字動畫

1 新增 Composition，命名為 Text Path，寬度 Width 設定為 1920、長度為 1080。讀者可自行更改喜好的背景顏色。

2 現在可以在圖層上新增文字。以下會以「enter your title: text path」為例，同樣地，你可以自行輸入喜好的文字與樣式。

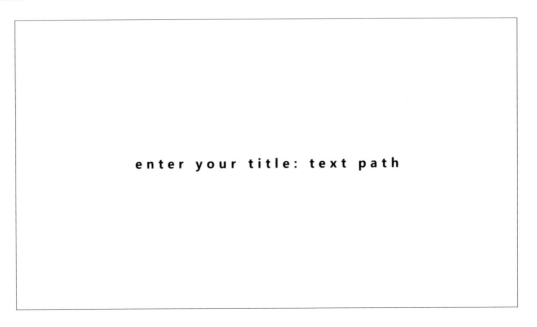

enter your title: text path

3 在文字圖形被點選的情況下，利用任何一種圖形工具（像：Rectangle Tool ▣ 方形工具，快捷鍵：Q）Pen Tool ✎ 貝茲曲線工具（快捷鍵：G）繪出希望文字的路徑的形狀。以下會以像「雲霄飛車」的路徑為例。

4 回到圖層下 Text > Path Options > Path，並把參數改為 Mask 1。如此，文字就會自動貼在剛剛畫的路徑上。

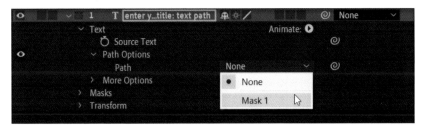

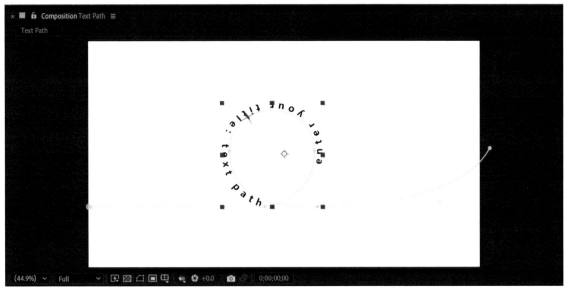

5 利用 Path Options > First Margin 或 Last Margin 的影格設定，讓字串開始移動。以此例子來說，把時間指針移到 0:00:00:00 並設定 First Margin：-2218.0，再把時間指針移到 0:00:04:00 並設定 First Margin：2129.0。

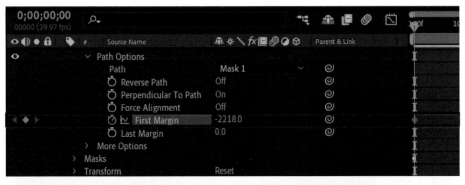

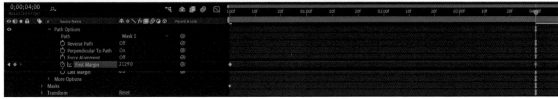

最後就可以讓字串從左邊移入畫面，再從右邊移出畫面，中間也會像雲霄飛車那樣轉一圈。

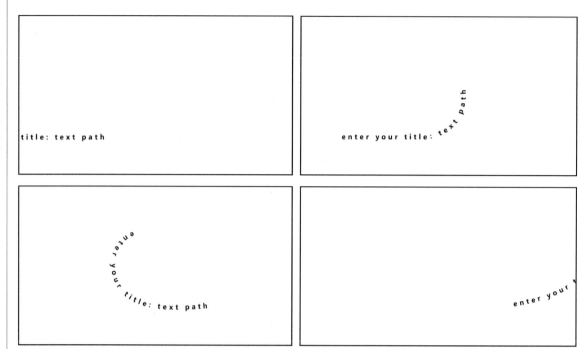

遮罩文字動畫

接下來會利用遮罩技巧，創作文字從畫面中出現的動畫。

1 新 增 Composition，命 名 為 Text Mask，寬度 Width 設定為 1920、長度為 1080。讀者可自行更改喜好的背景顏色。

2 因為字串會分成兩半,從畫面中間往左跟右移出,所以接下來先新增兩個文字圖層,分別為「enter your title:」與「text mask」。

3 全選圖層後,再按下快捷鍵:P 以打開它們的位置控制。

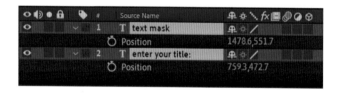

4 把時間指針移到 0:00:03:00 並按下前方 Keyframe 按鈕,以記錄動畫結束後它們的位置。

5 再把時間指針移到 0:00:00:00，並讓「enter your title:」的動畫起始點移到右邊；「text mask」的動畫起始點移到左邊。

動畫效果會讓它們從兩個圖層的中間冒出，因此需要確保它們沒有重疊。

6 分別點選兩個文字圖層，並按下右鍵，選取 Pre-compose。

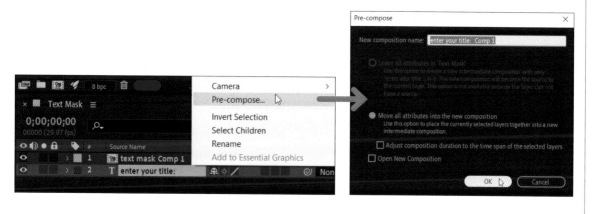

它們就會分別形成兩個新的 Composition

7 把時間指針移到 0:00:03:00（動畫結束的時間點），再點選「text mask Comp 1」圖層。
因為在圖層被選定的情況下，在監看畫面描繪的圖形都會變成遮罩。所以就可以利用
Rectangle Tool ▢ 方形工具（快捷鍵：Q），把文字「text mask」框起來。

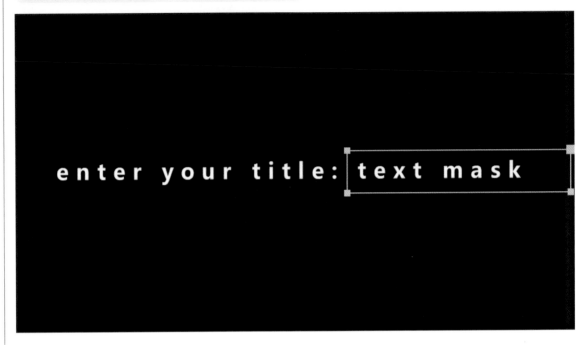

把遮罩右方擴大至畫面外，以方便之後的操作。

8 此時「enter your title:」也需要一個新遮罩，為它的圖層重新畫一個以外，還可以複製 text mask Comp 1 的遮罩，並做「反向」設定，讓「text mask」以外的字得以呈現。先點選 text mask Comp 1 > Mask > Mask 1，再按「Ctrl + C」進行複製。

9 點選 enter your title: Comp 1，按「Ctrl + V」進行貼上，並勾選遮罩旁的「Inverted」選項。

10 在 0:00:03:00 時,標題就可以完整顯示。

11 按下時間軸面板上的 ◎ 按鈕,啟動該時間軸的 Motion Blur 功能,接著再針對個別的圖層啟動功能 Motion Blur,因此,請在文字物件圖層設定 Motion Blur。

12 接下來需要為「text mask」換成白底。因此需要至 Project 面板打開「text mask Comp 1」Composition,在沒有點選圖層的情況下,於監看畫面「text mask」字樣上新增一個白色的方塊。

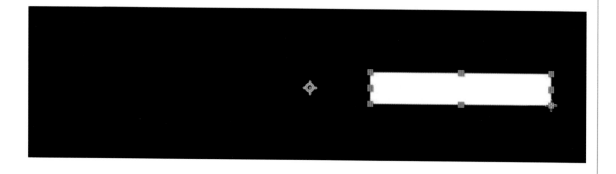

13 把 Shape Layer 1 移至 text mask 圖層下方後，再點選「text mask」圖層，於右方 Character 面板中選擇黑色，讓字樣換成黑色。

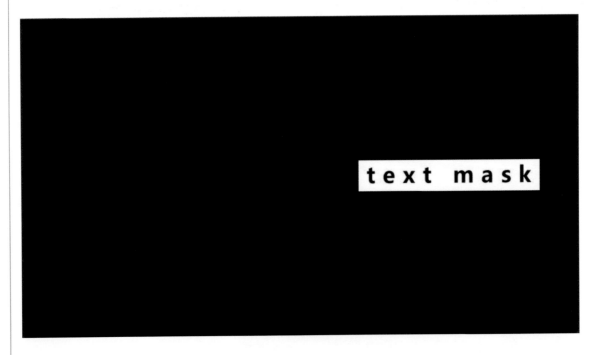

14 然後點選 Shape Layer 圖層,並利用 Pan Behind (Anchor Point) Tool ▦ (快捷鍵:Y) 把此圖層的錨點移至方形的中心,按住 Ctrl 以確保錨點會移動至方形的中心。

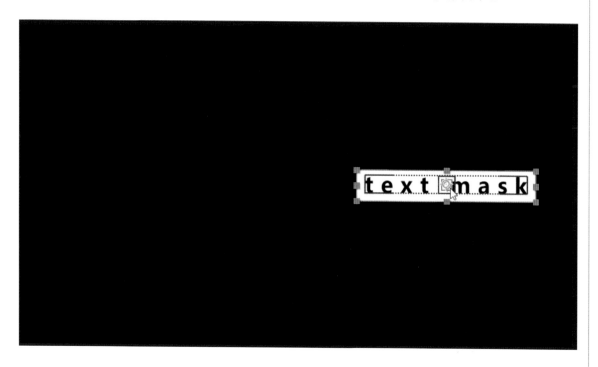

15 點選 text mask > Transform > Position 再按「Ctrl + C」進行複製,再點選 Shape Layer 1 > Transform > Position 再按「Ctrl + V」進行貼上,如此,方形就會與文字使用同一路徑。

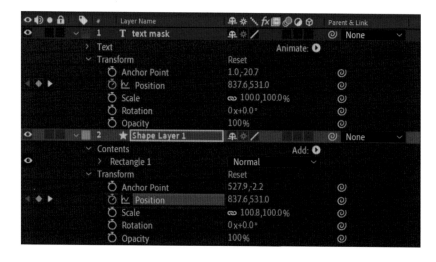

16 若發現複製路徑後,方形的位置偏移,可再微調 Anchor Point 的參數。

17 回到「Text Mask」Composition，把時間指針移到 0:00:0:00，再按下「空白鍵即可進行預覽。

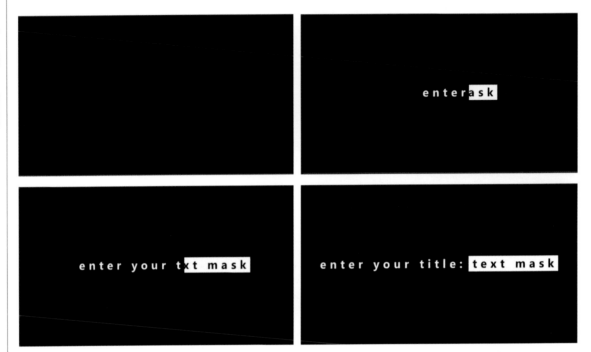

8.4 文字動畫範本

After Effects 提供的文字動畫功能十分強大，除了可以活用 Animate 的 Range Selector、Wiggly Selector、路徑與遮罩來創造視覺效果華麗的文字動畫，After Effects 軟體內建樣式豐富的文字動畫範本資料庫，同時具備完整的分類架構，可以讓使用者快速地套用，若讀者有短時間內設計出文字動畫的需求，這個文字動畫範本資料庫是您必須認識的功能。

1 要使用文字動畫範本前，先開啟 Composition 並加入文字圖層，然後執行功能表「Animation > Browse Presets」，接著 After Effect 將自動開啟 Adobe Bridge 軟體來預覽動畫效果。

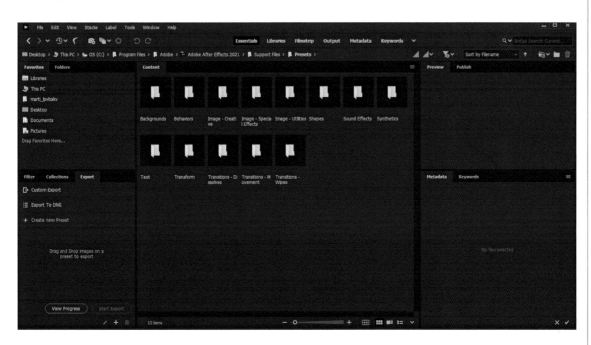

2 Bridge 是 Adobe 專屬的檔案瀏覽軟體，讀者目前看到的資料夾皆是 After Effects 提供的動畫或特效範本，例如：Backgrounds（背景動畫）、Behaviors（行為動畫）、Image Creative（圖像創意特效）…等，本章節所提的文字動畫範本為 Text，只是眾多動畫或特效範本其中之一。進入 Text 資料夾後，可以發現文字動畫範本共有 17 項分類。

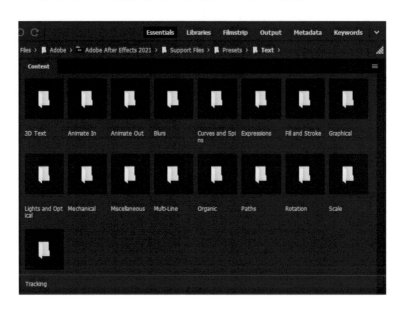

3 進入任一個分類資料夾，選擇個別的範本後可，在右方預視區域預覽文字動畫實際的效果。

接下來只要點選範本效果兩下，Adobe Bridge 就會直接把效果套用至剛剛新增的文字圖層上。

拖動時間指針即可簡單地預覽文字動畫的效果

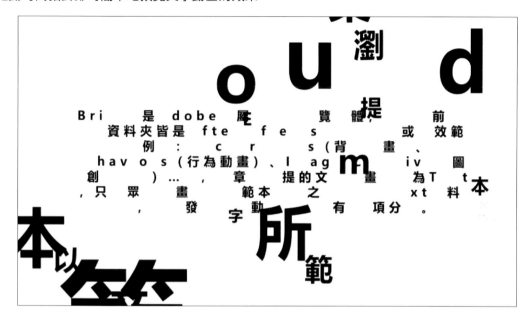

 文字動畫範本中所有的效果，都是利用 Animate 的 Range Selector 與 Wiggly Selector 交互設定所創造出來的，因此，若套用後的效果無法完全符合您的整體動畫設計，可以展開「Text > Animator > …」再進行調整 Keyframe 時間點。

以 Fly In By Characters.ffx 為例，就可以透過 Offset 的影格調整來改變效果的速度。

Chapter 09
子母圖層與遮罩

9.1 子母圖層

在製作動畫的過程中，可能需要多個物件同步移動、旋轉或縮放…等，若沒有使用特殊功能，通常必須針對個別物件重複設定相同的 Keyframe 變化，而且物件的對位也會顯得非常困難。After Effects 提供一個子母圖層的功能，可以解決以上描述的問題，子母圖層的觀念類似母雞帶小雞，母雞往哪走，小雞們就跟著母雞一起移動，所以在時間軸上使用者可以指定一個母圖層與多個子圖層，只要針對母圖層設定變形（Transform）相關的 Keyframe，所有的子圖層都會產生同步的動畫效果。

利用快速鍵展開圖層 Transform 屬性

本節將利用一個圖片組移動的動畫練習，讓讀者認識基本子母圖層的設定與原理。請複製本書 Chapter 9 的範例素材：p01～05.jpg 等 5 張圖片，開啟一個新的 After Effects 專案檔，新增一個 3 秒鐘的 Composition，解析度為 1920 x 1080，將 5 張圖片匯入並拖曳製時間軸上準備使用。

配合鍵盤「Shift」連續選取時間軸上的 5 個圖層，再按下鍵盤「S」可以快速地展開所有圖層的 Scale 屬性（再按一次鍵盤「S」則全部收回 Scale 屬性）。其他關於 Transform 的屬性都有相對的快速鍵，除了 Opacity 之外，都是該屬性第一個英文字母。下表列出許多常用的操作快捷鍵，讀者如能熟記，可以更有效率地操作 After Effects。

屬性名稱	快速鍵
Anchor Point	鍵盤「A」
Position	鍵盤「P」
Scale	鍵盤「S」
Rotation	鍵盤「R」
Opacity	鍵盤「T」
Audio Levels（若有聲音）	鍵盤「L」

屬性名稱	快速鍵
Waveform（若有聲音）	雙擊鍵盤「L」
Mask（若有遮罩）	鍵盤「M」
Mask 細部設定（若有遮罩）	雙擊鍵盤「M」
展開所有 Keyframe	鍵盤「U」
展開所有修改過之參數，包含 Keyframe	雙擊鍵盤「U」

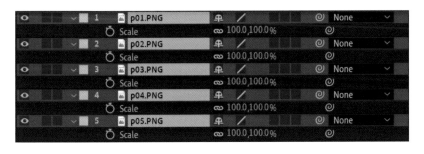

在全部圖層被選取的狀態下，調整其中一個圖層的 Scale 屬性，其他圖層的 Scale 屬性將會一起被更動。請將 Scale 調整為 40%。

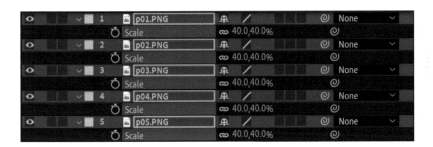

漸層色塊的設定

1 為了加強畫面視覺效果的呈現，我們打算加入漸層顏色的背景。請讀者自行新增一個 Solid 色塊，先把工具列的圖形工具改成 Rectangle Tool ■ 方形工具，再連續按兩下，After Effect 就會自動新增一個 Solid 色塊。

改變顏色項目設定至 Linear Gradient

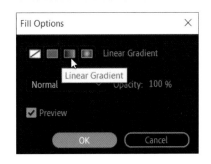

按下 Fill Color 調整漸層顏色，
同時關閉外框（Stroke）的顏色。

Color Stop   Color Stop

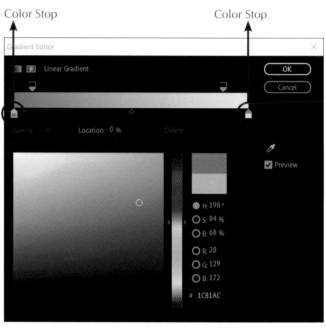

2 若想調整漸層顏色的分佈範圍，可以以滑鼠拖曳的方式調整 Color Stop，同時，點選 Color Stop 可更改顏色，這邊先以藍色、白色為例。完成設定後按下 OK 即可。

3 接下來需要更改漸層顏色的方向，預設是從左到右。移動畫面中間兩個錨點的位置以更改方向與漸層的寬度。

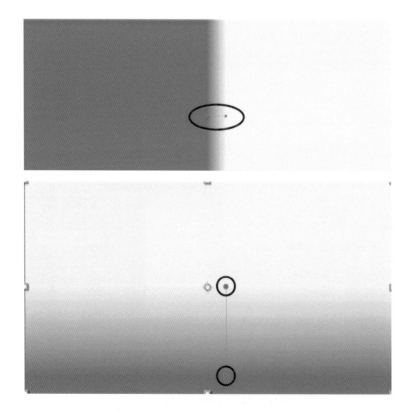

圖片等距間隔的設定

1 請執行功能表「Window > Align & Distribute」開啟 Align 面板（預設開啟於畫面右下方），把 Shape Layer 移到最底層後，把它鎖定；點選位於最高層的圖片，再至 Align 面板中點選 Align Left。

2 點選位於最低層的圖片，再至 Align 面板中點選 Align Right。

3 一次選取所有圖片圖層,再至 Align 面板中點選 Distribute Horizontally,就可以讓所有照片平均分佈。

4 如果不希望照片貼著影片的邊框,可以點選最左邊的照片,並按下「Shift + 右鍵」;點選最右邊的照片,並按下「Shift + 左鍵」。

5 如此，分佈會變得不平均，所以需要再次全選照片，並按下面板中點選 Distribute Horizontally。就可以讓照片再次平均分佈。

如何指定 parent

若以 p01.jpg 為母圖層，請將其他準備作為子圖層的 parent 都設定為 p01.jpg。要設定 parent 的方法有兩種：

1 可以按著  拖曳指向 p01.jpg 圖層。

2 按下 parent 欄位的下拉式選單，選擇 p01.jpg 圖層。

3 請將 p02~05.jpg 等 4 個圖層的 parent 都設定為 p01.jpg。

製作反射倒影效果

1 全選 p01~05.jpg 等 5 個圖層,以複製(Ctrl+C)與貼上(Ctrl+V)的方式,再重製出 5 個圖層。

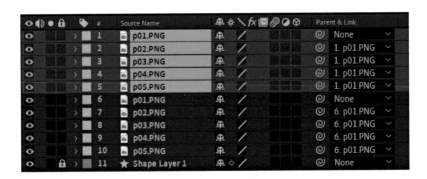

2 為了後續作業便於辨識,請將複製出來的 5 個圖層重新命名。在該圖層上按滑鼠右鍵選擇「Rename」,或選擇該圖層後按下鍵盤 ENTER 即可改名。

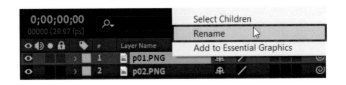

3 本範例更改名稱如下圖所示。

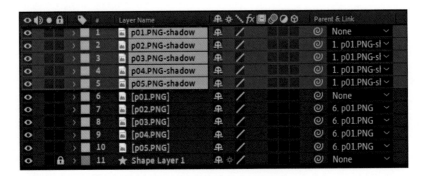

僅選擇 p01.jpg-shadow 圖層,將縮放的鏈結項目 取消,將 Y 軸的 Scale 參數改為負值,如 -40%。

因為 p02~05.jpg-shadow 等 4 個圖層已經設定 parent 為 p01.jpg-shadow,雖然其他圖層都沒有改變 scale 參數,但所有圖片都有垂直翻轉的效果。

選擇 p01.jpg-shadow 圖層,僅調整其 Y 軸位移往下,目的讓這組圖片作為反射倒影之用(本範例 Position 的參考值為 Y: 845)。

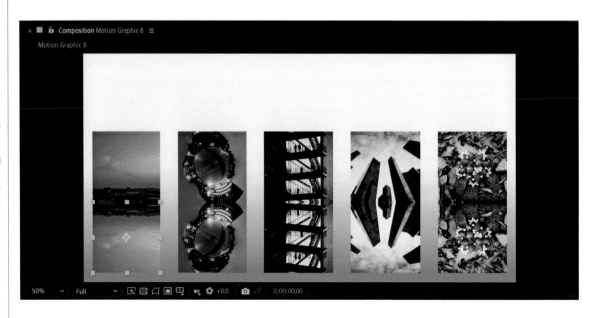

7 請全選 p01～05.jpg-shadow 等 5 個圖層,按下快速鍵 T,一次調整 Opacity 值為 25%,
即可完成簡易的反射倒影。

parent 圖層的 Keyframe 設定

1 子母圖層如果指定正確,接下來只要設定母圖層的 Keyframe,其他的子圖層就能產生同步的動畫。請先將 p01.PNG 也設為 p01.PNG-shadow 的子圖層。

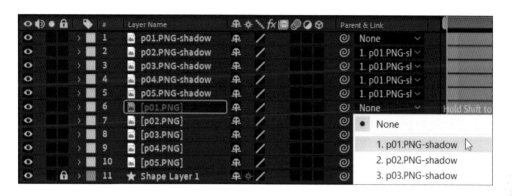

2 時間指針移至開頭處 0;00;00;00,選擇 p01.jpg-shadow 圖層,啟動 Position 的 Keyframe 功能,設定 X 值為 2123.6,目的讓所有圖片往右移動。

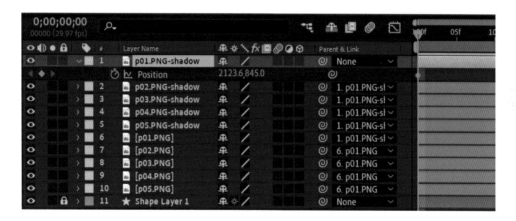

3 將時間指針移至 0;00;02;29，設定 Position 的 X 值為 192.6，以增加一個 Keyframe，目的讓所有圖片往左移動（回到原本位置）。

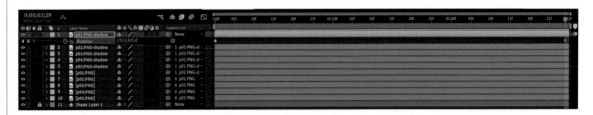

基礎的子母圖層練習到此結束，讀者可自行預覽剛才設定的動畫。類似的整組圖片位移效果，若不是利用子母圖層的方式來操作，必須土法煉鋼地由個別圖片的屬性來設定，十分耗時耗力。

9.2 幾何遮罩工具 – 數位相框（一）

遮罩（Mask）是影像合成一項重要的工具，遮罩可以將不想出現的畫面暫時遮蔽起來，進一步與其他影像合成。在本書 Chapter 5 已經介紹過 Premiere Pro 中遮罩的原理與使用，After Effects 是一套影視動畫設計軟體，遮罩的使用彈性與功能比 Premiere Pro 來得多。

1 請新增一個 After Effects 專案，Composition 的時間長度請訂 9 秒鐘，解析度為 1920 x 1080，複製 Chapter 9 素材中的 Frame.jpg 與 Frame Video.mp4 兩個素材，接下來將利用遮罩來遮蔽 Frame.jpg 中的空白，跟 Frame Video.mp4 影片來進行簡單的影像合成，製造數位相框的錯覺。

2 先將 Frame.jpg 拖曳至時間軸上，在 Frame.jpg 圖層被選取的狀態下，使用工具列上的 Rectangle Tool ▦ 方形工具，在 Composition 監看畫面上可以畫出矩形遮罩的範圍。

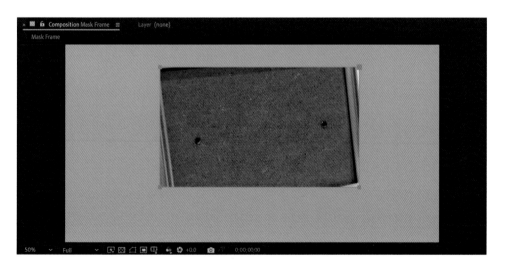

3 繪製出的遮罩範圍預設為圖像保留部分，意思就是說遮罩範圍外的是被遮蔽部分，以本範例練習來說，目的是要將相框空白處遮蔽，因此必須將遮罩功能反向，才能達到我們要的效果。請切換至時間軸面板，剛才繪製的遮罩在 Frame.jpg 圖層新增了一個 Mask 項目，Inverted 選項打勾即可將遮罩功能反向。

4 使用工具列上的 ▶ Selection Tool 工具（快捷鍵：V），先連繼點選方形兩下，以進入 Layer 面板。

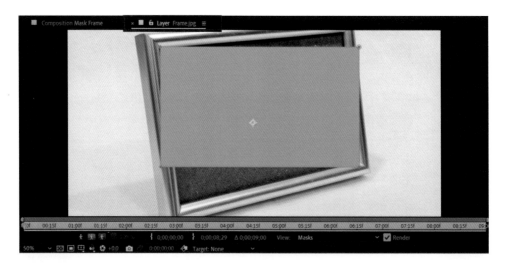

5 選擇遮罩左上角的控制點，按住拖曳可以改變其位置。請分別調整遮罩的 4 個控制點符合相框空白處位置。

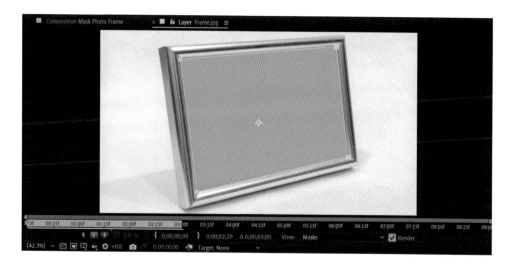

6 拖曳 Project 面板上的 Frame Video.mp4 至時間軸 Frame.jpg 圖層下方，準備作為合成的圖像。

7 這樣看起來已經完成，但只是相框把 Frame Video.mp4 外圍蓋住的錯覺。

8 因此需要把 Frame Video.mp4 調整至適合的大小和角度，於 Effects and Presets 面板搜尋 Corner Pin 效果，並套用至 Frame Video.mp4。

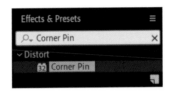

9 Effect Controls 面板上會出現四個頂點的變形控制，在面板上點選「Corner Pin」後，預覽畫面中素材 Frame Video.mp4 的四個頂點也會出現「圓點」，方便 Corner Pin 的控制。

10 直接拖曳四個頂點的「圓點」，即可調整素材的變形。

最後只需要把 Frame Video.mp4 的四個頂點調整至相框的內框，就可以完成變形的調整。

 調整完成後，讀者可按下 Space 以 RAM Preview 預覽其效果。

9.3 Pen Tool 遮罩工具與自然現象模擬動畫（加水珠效果）

1 請新增一個 After Effects 專案，Composition 的時間長度請訂 10 秒鐘，複製 Chapter 9 素材中的 window.jpg 與 scence.jpg 圖片素材。接下來將利用 Pen Tool 來繪製遮罩區域，並介紹如何套用特效，達到下雨與玻璃上水珠的自然現象模擬效果。

2 將 window.jpg 素材拖曳到時間軸上，使用工具列上的 Pen Tool 工具來繪製含曲線的遮罩，請讀者確認素材圖層是被選擇的情況下，再開始繪製。Pen Tool 工具即是貝茲曲線工具，滑鼠按下可以設定錨點，在沒有放開滑鼠的情況下，往旁邊拖曳可以拉出兩個控制點。一般來說，若要描繪有轉折角度的曲線，直接按下滑鼠設錨點即可。

3 若遇到平滑曲線部分時，除了按下滑鼠設定錨點之外，同時往旁邊拖曳，可以拉出控制點，即能產生平滑曲線。

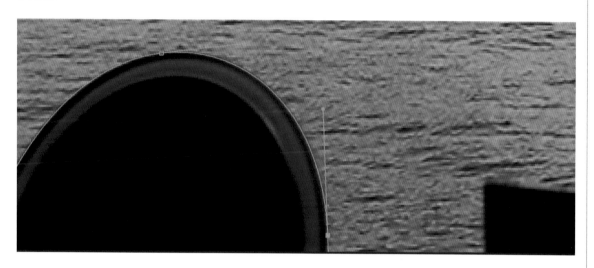

4 描繪遮罩時也可透過滑鼠上的滾輪及長按 Space（Hand Tool ✋ 的快捷鍵）做放大及視覺平移，可以描繪遮罩的細節。

5 當游標指向原始設定的錨點，游標右下角出現圓圈時，按下即可封閉繪製的曲線區域。

6 預設遮罩的封閉區域都是影像保留的部分，但是我們要的效果剛好相反，遮罩封閉區域是準備遮蔽的部分，因此請切換至時間軸，展開 Masks > Mask 1 項目，將「Inverted」選項打勾。

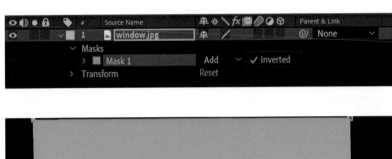

7 如果開始繪製遮罩封閉區域時並未精確地對準曲線輪廓，可以使用工具列上  Convert Vertex Tool 工具，進一步調整細部錨點與控制點的位置。

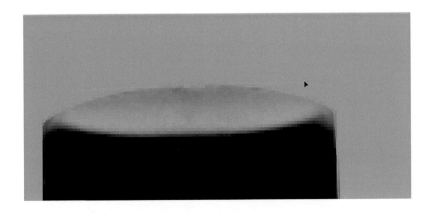

8 將 scene.jpg 置入 Composition，放在 window.jpg 圖層下方，即可看見原先的窗外景色被遮罩裁切遮蔽了，出現的是 scene.jpg 底圖。

9 由於景色跟旅館佈置的角度不太搭，因此筆者對 scene.jpg 做出以下 Position、Scale、Rotation 的調整。

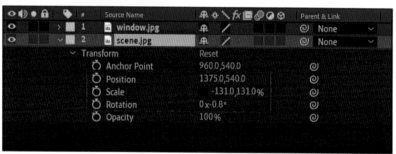

10 遮罩繪製與設定的步驟到此結束。在製作下雨特效之前，先進行圖層調色處理，艷陽天的巴黎相片看起來像陰天，請加上「Effects & Presets 面板中 Color Correction」裡面的「Brightness & Contrast」與「Tint」兩個特效。將 Brightness 設定為 -70、Contrast 設定為 -50；接著點選 Tint 特效的 Map White To，將色彩調整為 #FFD7A3，並將 Amount to Tint 調為 40%，些微融合原圖片的色彩。

11 調色完成後，選擇 scene.jpg，操作「Effects & Presets > Simulation > CC Rainfall」。此時畫面就可看見下雨特效，讀者可依喜好氛圍進行細部參數設定：Drops（雨量）、Size（雨滴大小）、Scene Depth（場景深度）、Speed（落雨速度）、Wind（風向風量）、Variation %(Wind)（風向變化）、Color（雨滴顏色）…等等。

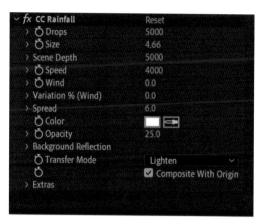

12 然後替窗戶增加雨滴噴濺效果，讓下雨動畫更加逼真。請先複製 scene.jpg 圖層，並操作「Effects & Presets > Simulation > CC Mr. Mercury」，請讀者參考以下參數設定 Radius X: 75、Radius Y: 40、Velocity: 0、Birth Rate: 0.5、Longevity (sec): 5、Gravity: 0.1、Influence Map 選擇 Constant Blobs、Blob Birth Size: 0.06、Blob Death Size: 0.02。

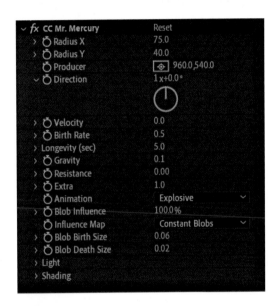

13 最後再針對 window.jpg 圖層做調整，先加上「Effects & Presets > Color Correction」裡面的「Brightness & Contrast」與「Tint」兩個特效，讓它與其他圖層的色調更接近。將 Brightness 設定為 -50、Contrast 設定為 -30；接著同樣點選 Tint 特效的 Map White To，將色彩調整為 #FFD7A3，並將 Amount to Tint 調為 40%。

14 再加上「Effects & Presets > Animation Presets > Image – Special Effects」裡面的「Light Leaks – random」，製造閃電效果。讀者可依喜好氛圍進行細部參數設定：Chance of Flashing（閃爍機率）、Flash Nervousness（每次閃爍持續）等。

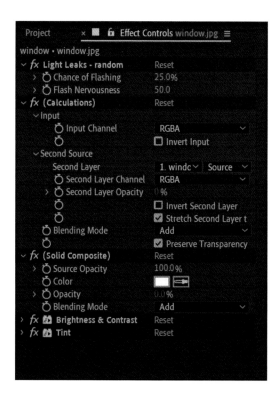

Chapter 10
追蹤器 Tracker

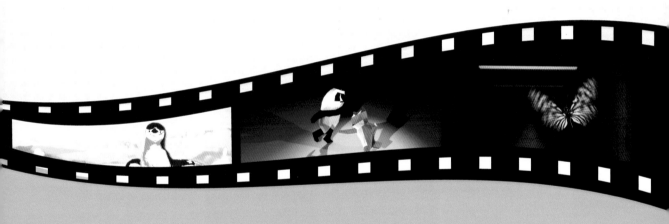

Tracker 是 After Effects 軟體非常強大的功能之一，它能追蹤影片中物體的動態，進而達成影片去除手震或 3D 合成的特效製作。

10.1 Stabilize Motion – 影片去手震

隨著科技進步，很多攝影器材都備有影片去手震功能，但如果剛好遇到沒有此功能的器材，創作者也可以透過 After Effects 的 Tracker 功能，以減少影片的手震晃動，或者讓影片的移動更順暢。但因為 After Effect 是透過影片每一幀畫面的裁剪、移位做出修正效果，影片畫質容易受到影響。因此若需要最好的穩定效果，還是建議使用穩定器或腳架拍攝。

1 請複製並匯入 Chapter 10 的素材 Campus.mp4，並拖曳至 Create a new Composition。

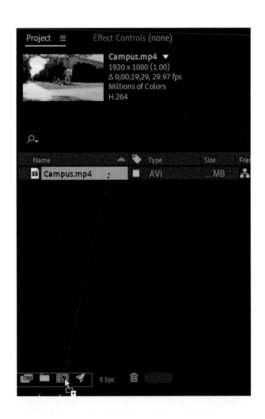

執行「Window > Tracker」，並確認 Tracker 功能面板有被開啟。

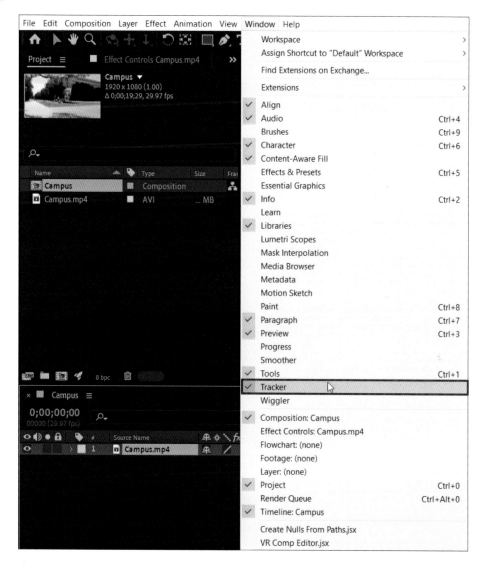

然後在右方就會出現 Tracker 面板。

4 先點選時間軸上的 Campus.mp4，Tracker 面板上的 Warp Stabilizer 就會亮起。

5 點選 Tracker 面板上的 Warp Stabilizer，Composition 監看畫面上會出現 Analyzing in background (step 1 of 2)，表示已進入影片手震的分析程序；稍等一會兒，出現 Stabilizing (step 2 of 2) 訊息，代表已完成分析，正在進行去除手震的運算。

影片手震分析中

去除手震運算中

6 運算完成後，使用 RAM Preview 預覽影片，可看見影片的晃動程度已經減緩非常多，同時鏡頭運動變得流暢。

7 如果素材是「定拍」的話，則需要完全除去手震，在左方的 Effect Controls 版中，下拉 Stabilization 的 Result 選單，將 Smooth Motion 改為選擇 No Motion；待運算後再次預覽影片，畫面就會變得靜止，彷彿架設在腳架上拍攝。

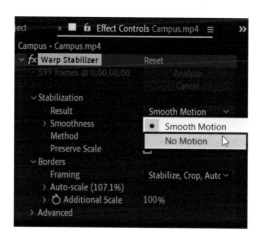

8 另外，點選特效名稱前方的 fx 鍵，可以暫時開啟 / 關閉該特效，以便預覽該特效套用與否的差異。

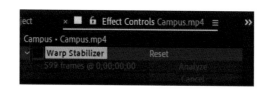

10.2 Track Motion – 動態字 （停頓在空間的字串）

1 先把已套用 Warp Stabilizer 的片段輸出，並取新檔名（例：Campus_Stabilized），再匯入到同一個影片專案。將它新增至一個新 Composition，接著使用文字工具，在監看畫面上任意新增一串文字。

2 要讓字串跟隨影片畫面上的某樣物件，必須先追蹤分析該物件的位移。先選取 Campus_Stabilized.mp4 圖層，再按下 Tracker 面板的 Track Motion 功能鍵。

3 按下 Track Motion 後，會開啟許多 Track Motion 細部功能。

4 在 Layer 監看畫面的中央，出現了 Track Point 追蹤器，
After Effects 就是利用此追蹤器去分析物件的位移。系統預
設僅勾選 Position，所以只會出現一個 Track Point，可以分析物件
的位移；如果再勾選 Rotation 或 Scale，將出現兩個 Track Point，
可以分析該物件的旋轉、得知該物件在影片中的遠近變化（縮放
比例）。由於此例只需要分析物件的位移，所以只需要一個 Track
Point。

Search Region 搜尋區域：在此範圍中，
搜尋符合 Feature Region 的 Pixels。

Attach Point：分析完成並套用後，目標元件
的 Anchor Point 會與此點貼齊。

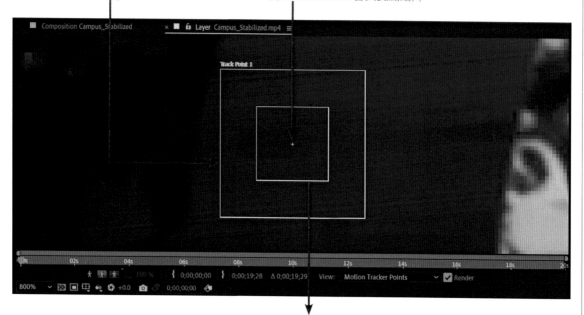

Feature Region 特徵區域：以此方框框選住要被追蹤
的區域，儘量框選邊緣銳利、對比清晰的物件。

原先的 Composition 監看畫面，則自動切換至 Campus_Stabilized.mp4 的素材畫面，請讀者
仔細觀察上方「Composition: Campus_Stabilized」與「Layer: Campus_Stabilized.mp4」兩標
籤之差異。在 Layer 監看畫面模式之下，看不見 Composition 中的其他圖層素材。

5 將時間指針移到 0:00:00:00，並且將 Track Point 1 拖曳到後方路燈的位置 。

拖曳時要注意游標是這個「黑箭頭」+「方向」的狀態，才有辦法
同時移動 Attach Point、Feature Region 與 Search Region。

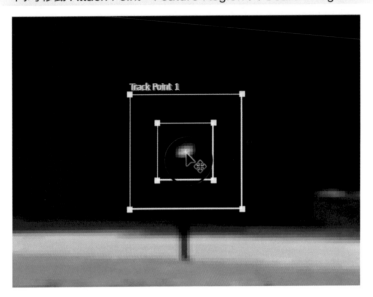

使用滑鼠滾輪，可快速縮放顯示比例。

6　之後按下 Tracker 面板中，Analyze 的 ▶ 向前分析按鈕，After Effects 就會開始運算分析 Track Point 的位移。

7　分析完成後，Track Point 會在每一格影格生成許多 Keyframe，讀者可以使用鍵盤快捷鍵 Page Up/Page Down，在時間軸的每一影格前進或後退，檢視 Track Point 是否有對齊；若追蹤失敗，可直接拖曳調整 Track Point 到正確位置。

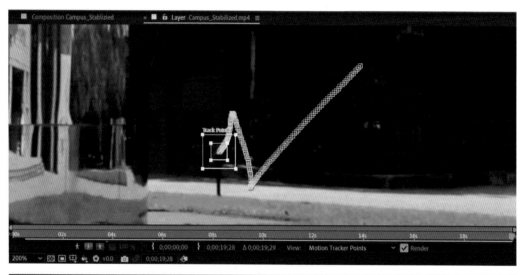

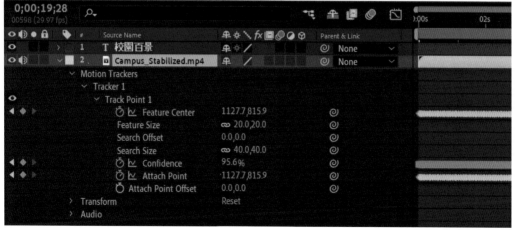

8 確認每一影格的 Track Point 位置都有對準路燈後,按下 Track 面板的 Edit Target 按鈕,會跳出視窗,請選擇目標為剛才建立的文字圖層,以本書為例是「校園百景」。

9 選擇套用目標後,Tracker 面板會以文字提示目標名稱,最後按下 Apply 確認套用,跳出的 Motion Tracker Apply Options 確認選擇要對目標套用的軸向,選擇「X and Y」後,按下 OK。

10 使用 RAM Preview 預覽影片,觀賞文字自動貼合於剛才 Track Point 分析出的位置的動態效果。若開啟文字圖層的 Position 屬性,可以看見每一影格的 Position 都自動設定了 Keyframe。

11 如想要微調文字位置，切勿直接調整 Position 值，會造成設定好的 Keyframe 數值改變。請調整 Transform 下的 Anchor Point 參數，這裡的 Anchor Point 參數是調整物件對於錨點的相對位置。

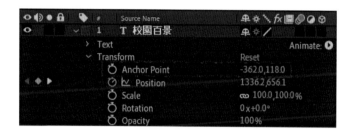

完成後，可以看到文字可以很穩定地浮現在畫面上。

10.3 Track Motion – 數位相框（二）

Tracker 功能除運用在去除手震、動態追蹤之外，還可以將物件合成在原有的畫面之上，其透視感、運鏡、晃動都能完全符合原影片的畫面資訊。這樣的功能在特效影片製作，或是模擬人機介面設計上皆相當方便。之前在第 9 章介紹過利用幾何遮罩工具把製造數位相框的錯覺，但如果相框素材是一段影片，而且其角度會改變的，那怎麼辦呢？

以下範例將使用 Track Motion 功能來置換相框內容，期望讀者理解其原理，創作更有創意的特效合成影片。

1 複製並匯入 Chapter10 的素材 Moving Frame.mp4 和 Frame Video.mp4，並拖曳 Moving Frame.mp4 到 Create a new Composition 按鈕上放開。接著將 Frame Video.mp4 也放進 Composition。

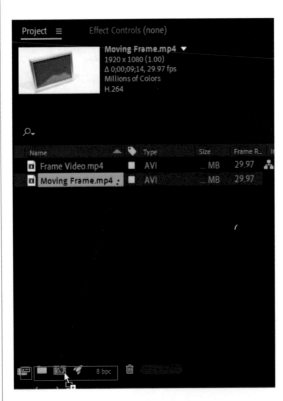

2 選取 Moving Frame.mp4 圖層，執行 Tracker 面板的 Track Motion 功能，和上個範例一樣，此時監看畫面會自動跳轉成 Layer 畫面。

接下來在 Tracker 面板中，找到 Track Type，下拉選單並選擇「Perspective Corner Pin」。
Layer 監看畫面上就會出現 Perspective Corner Pin 所要追蹤的四個 Track Point。

4 Perspective Corner Pin 的作用是追蹤畫面上平面物件的四個角，以便分析運算出其透視的改變，再套用合成上新的元件。請拖曳四個 Track Point 到相框的四個角，使用滑鼠滾輪可進行顯示比例縮放，按下鍵盤 Space 並拖曳螢幕，可以移動畫面，讀者可善加利用快捷鍵。

Track Point 1   Track Point 2   Track Point 3   Track Point 4

  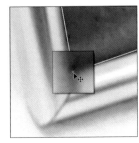 

5 這四個 Track Point 是有順序的，Track Point 1～4 順序分別為左上、右上、左下、右下。對齊完成後，請按下 Analyze 的 ▶ 向前分析按鈕，開始分析四個角的移動位置。

6 按下分析運算完成後，四個 Track Point 都會產生許多追蹤後的記憶點。

7 前後拖曳時間指針，查看四個 Track Point 在移動過程都有追蹤到位置之後，按下 Tracker 面板的 Edit Target 按鈕，將目標指定為 Frame Video.mp4，最後按下 Apply 按鈕。

8 Apply 套用之後，預覽影片即可看見 Frame Video.mp4 已被貼合於剛才分析好的四個 Perspective Corner Pin。

Chapter 11
基礎 3D Layer

After Effects 是一套影視動畫特效的軟體,雖然看似只能處理 2D 平面的影像,但其實它暗藏玄機,可以透過 3D Layer 的設定,將 2D 平面的影像 3D 化,換句話說,3D Layer 就是將原本 X 與 Y 兩個軸向的控制,另外增加了一個 Z 的軸向,達到立體空間的效果。除此之外,還可以設置攝影機來增加三度空間運鏡的靈活度;添加燈光來營造空間的光影層次。本章節將以一個簡單的範例練習,讓讀者體驗 After Effects 的基礎 3D 動畫工作流程,進而應用在您相關的動畫設計上。

11.1 認識 3D Layer

所謂的 3D Layer 就是將圖層由 2D 轉換成為 3D 的控制,而 3D 即 Three Dimension(三個向度),當圖層被設定為 3D Layer 之後,物件素材就可以進行立體空間的移動、縮放或旋轉…等。

不過,由於 After Effects 本身軟體的設計為 2D 架構,所以 3D Layer 其實只是模擬 3D 化的呈現,與實際 3D 軟體(例如:Blender、3ds Max)的操作邏輯不太一樣。簡單的說,After Effects 中所建構的 3D 物件,只是一個平面而沒有厚度的物體,以一個各色造型來說,可以把它想像成尪仔標的紙片人;而真正的 3D 軟體(例如:Blender、3ds Max)中的 3D 物件則能夠有真實的厚度呈現,例如茶壺手把或壺蓋上的粗細不一的體積。

根據以上描述的原理,對於 After Effects 中所提供之 3D 功能,也有人非正式地稱之為 2.5D,因為利用 After Effects 的 3D 動畫,實際上都只是平面物件在立體間中的運動罷了,除非是把 3D 物件匯入,但那一部分就並非單純使用 After Effect 進行創作,所以這樣的情況又另當別論。

After Effects 的 3D Layer 示意圖

真正的 3D 物件示意圖

11.2 設定 3D Layer

1 請開啟一個 After Effects 專案，設定 Composition 的時間長度為 6 秒鐘，連續點選 Rectangle Tool ▣ 方形工具兩下，以新增一個長方形，設定其名稱為 Ground。

2 更改 Fill 模式至 Radial Gradient 漸層顏色特效，並選用淡藍色 #54C6F6 與黑色 #000000。

3 然後至監看畫面拉大色彩範圍。

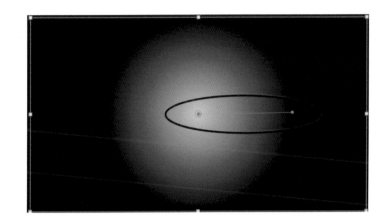

4 再匯入 Chapter11 的素材「Fox.png」、「Panda.png」至時間軸,按下  圖示以啟動該圖層的 3D Layer 功能,也表示這個專案已變成一個 3D 空間,除了原有的 X、Y 軸座標,物件還會有 Z 軸控制「深度」。

5 點選物件後,三軸座標就會出現,方便移動與旋轉。

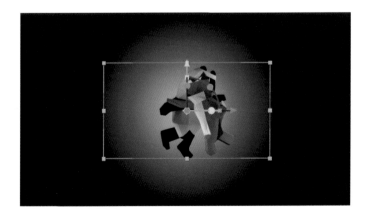

6 請於 Composition 監看畫面下方設定觀看視圖為 Custom View 1，Ground 與文字圖層即
產生 3D 化的呈現。

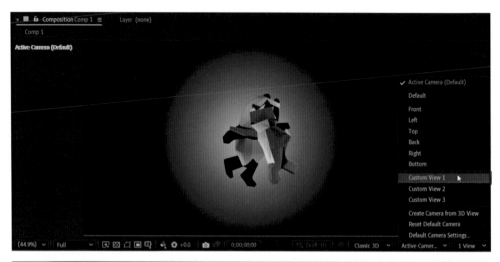

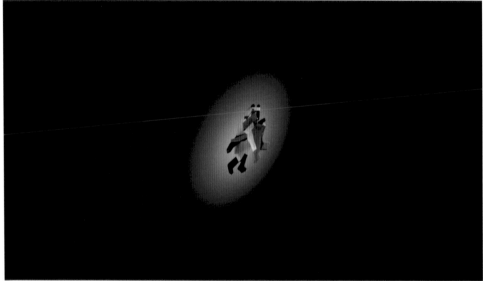

7 開啟 3D Layer 後，大家也會發現上方工具欄會多出幾個新工具，包括「座標模式」與
「物件調整工具」。為了方便後續物件變形的調整，請將座標系統改為 World Axis Mode
（世界座標模式），並選用 Universal（通用）工具。

8 展開 Ground 圖層的 Transform 項目，調整 Orientation 的 X 軸為 90 準備作為地平面之用，並加大 Scale 的尺寸為 250，Position Y: 796.7。

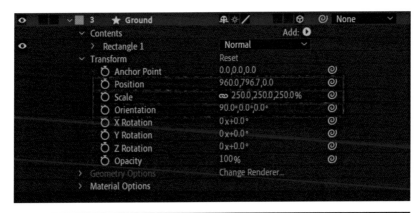

9 若在編輯位移的過程中無法確認其 Y 軸向位置，可以選擇 Front（前視圖）來為物件與地平面進行對位。

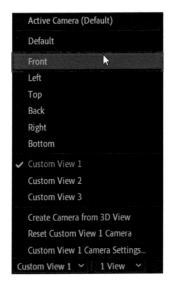

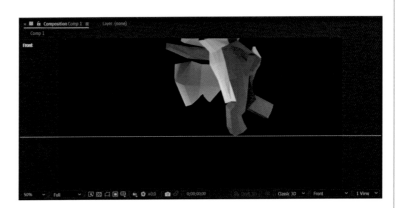

10 接下來為角色加入簡單的動畫：

圖層 \ 時間指針位置	0;00;00;00	0;00;02;00	0;00;04;00
Fox.png ＞Position	1023.0, 540.0, 0.0	886.0, 540.0, 0.0	886.0, 540.0, 0.0
Panda.png ＞Position	731.0, 540.0, 376.0	731.0, 540.0, 376.0	1025.0, 540.0, 376.0

11 按 Space 將進行算圖與預覽，會看到狐狸會先往中心前進，兩秒後熊貓也會從另一個方向往中心前進。

11.3 架設攝影機（Camera）

目前 Composition 監看畫面上看到的立體透視圖，是從預設攝影機（Custom View）去觀看的，若要製作攝影機運鏡的移動動畫，必須在 After Effect 的 3D 虛擬空間中新增一個 Camera。

1 請在時間軸面板上按滑鼠右鍵，選擇「New > Camera」準備新增一個 Camera。

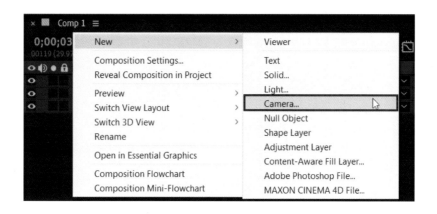

2 來到 Camera Settings 視窗，首先，需要選擇相機類型為「One-Node Camera」或「Two-Node Camera」，「Node」意指控制點，每一個控制點在 3D 空間中都會有獨立座標。在 After Effect 中，兩種相機都可以透過「相機座標」參數製作鏡頭運動，其原理與大家在現實生活中拿著相機拍攝一樣。

3 除了利用「相機座標」控制之外，「Two-Node Camera」還會有多一個控制點「Point of Interest」，可以把它理解為目標物的位置。因為「Two-Node Camera」可以永遠對準「Point of Interest」，透過其座標的變動，相機就會自動改變拍攝角度以追蹤目標物。所以，若需要進行物體追蹤，我們只需要把它座標的「關鍵影格」複製到「Two-Node Camera」的「Point of Interest」，相機就會自動跟隨目標物。

4 由此可見，我們可以把「One-Node Camera」理解為沒有安裝「追蹤器」的相機，而「Two-Node Camera」就是有安裝「追蹤器」的相機。

5 在 Camera Settings 視窗中可以自行設定攝影機的 Focus Length（焦距）、Angle of View（視角寬度）…等，這個部分的原理與真實相機相同，但除非特殊製作需求，通常直接從預設範本中選擇不同的鏡頭焦距使用。本範例練習選擇之虛擬攝影機鏡頭為「Two-Node Camera」、Preset：50mm，並點選 Enable Depth of Field 及 Lock to Zoom。

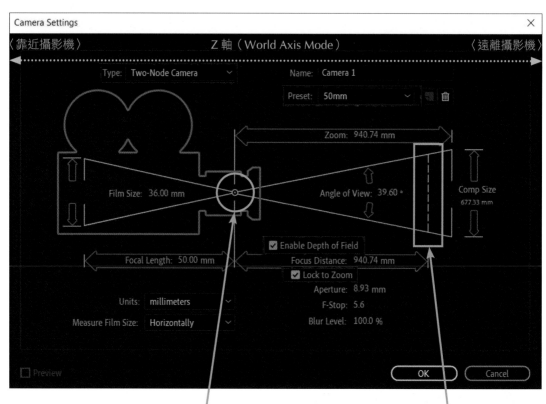

鏡頭焦點：光線進入鏡頭後在此聚合然後發散投影至底片

對焦範圍：啟用景深效果後，此「線」（在 3D 空間中的 X、Y 軸上實為平面）才會作用。而「對焦範圍」是與 Z 軸平行，因此這一條「線」是有一定厚度（雖然圖沒有顯示），只有落在此厚度範圍的物件才會變得清晰；反之模糊。而光圈值則是控制此厚度的參數。

以下是 Camera Settings 視窗中各個參數的註解：

Preset：範本 [1]	預設攝影機底片規格與鏡頭焦距的範本
Zoom：距離 [2,3]	鏡頭焦點至 Composition 被拍成滿版時的距離
Film Size：底片大小 [3]	預設寬度為 36mm 與傳統 135 底片相同，一般不做更動
Focal Length：焦距 [2]	鏡頭焦點與底片之間的距離，焦距越長視角越窄
Angle of View：視角 [2,3]	成像畫面可觀看的範圍區域，同時是變形的控制
Enable Depth of Field：使用景深效果	啟動後將模擬鏡頭景深效果，「對焦範圍」以外的前後景會變得模糊

Focus Distance：對焦距離 [4]	鏡頭焦點與「對焦範圍」間的距離，落在「對焦範圍」的物體會變得清晰
Lock to Zoom：鎖定 [4]	啟用後，Focus Distance 距離將會等於 Zoom 距離
F-Stop：光圈值 [4]	數值越少、光圈越大、「對焦範圍」越窄

1　Preset 中的焦距數值越大視角越小（Preset 為 200mm、視角為 10.29），表示為望遠鏡頭；反之，焦距數值越小視角越大（Preset 為 15mm、視角為 100.39），表示為廣角鏡頭，影像變形幅度也會變大。

　　鏡頭標示參考：

　　　　小於 20mm ＝ 超廣角

　　　　24mm - 35mm ＝ 廣角

　　　　50 mm ＝ 標準（約與人類雙眼的視角相等）

　　　　80mm - 300mm ＝ 望遠

2　Focal Length、Zoom、Angle of View 三個參數是連動的，Angle of View 會與其他兩個參數成反比。

3　調整 Film Size 時，Zoom、Angle of View 也會連動，Zoom 會與其他兩個參數成反比。

4　使用景深效果後才能調整的參數。

6 新增 Camera 之後，從預設攝影機「Custom View」可以看見新增的 Camera 涵蓋範圍。另外，After Effects 中提供三種透視的觀看視圖，可以讓使用者根據需求去選擇。

Custom View 1

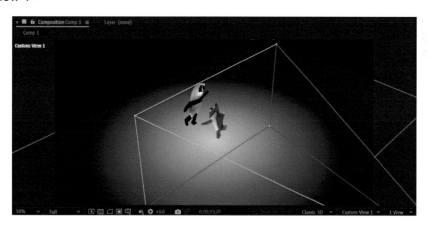

Custom View 2

Custom View 3

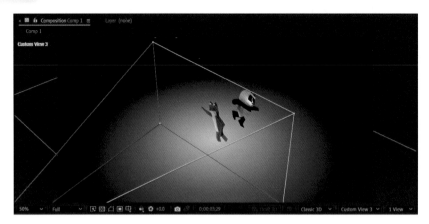

7 若想由新增的 Camera 鏡頭來觀看場景，請切換至 Camera 1。目前因為 Camera 1 與地平面 Ground 物件同在一個水平面上，所以 Ground 物件呈現為一條水平線。

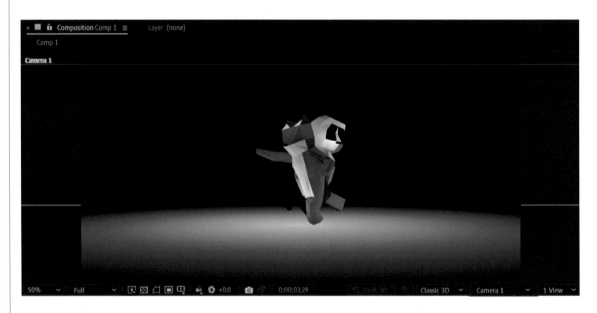

8 把相機的「追蹤器」啟動，把 Camera 1 > Transform > Point of Interest 設為 Fox.png > Position 的子圖層

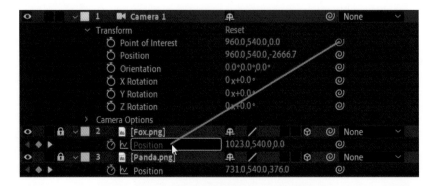

回到監看畫面就可以看到從 0;00;00;00 至 0;00;02;00，相機的 Point of Interest 都會跟著狐狸移動。

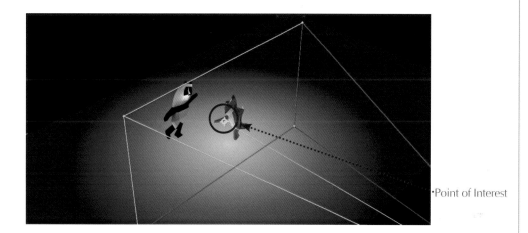

·Point of Interest

因為接下來會動的角色是熊貓，因此另一台攝影機要換成牠的角度。把時間移到 0;00;02;00 在上方 Edit 選單並點選 Split Layer（快捷鍵：Ctrl＋Shift＋D）。

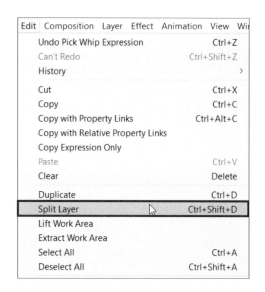

Camera 1 在 0;00;02;00 後就會變成 Camera 2。

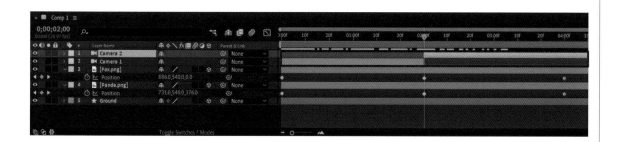

12 再把 Camera 2 > Transform > Point of Interest 設為 Panda.png > Position 的子圖層。

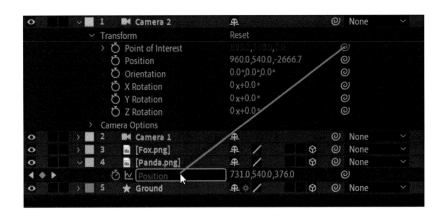

13 把時間移到 0;00;04;00 在上方 Edit 選單並點選 Split Layer（快捷鍵：Ctrl＋Shift＋D），讓 Camera 2 在 0;00;04;00 至 0;00;06;00 再分割成一個新的攝影機 Camera 3，方便之後把畫面切至第三個鏡頭。

14 接下來要改變攝影機的攝影角度與位置，除了可以直接調整其 Transform 的相關參數，讀者也可以在點選攝影機後，直接使用工具列上的 Camera Tool 來進行攝影角度與位置的設定，這是最直覺的調整方式。

15 Camera Tool 共有三種：Orbit Around Cursor Tool（轉動視角工具，快捷鍵：1）、Pan Under Cursor Tool（移動視角工具，快捷鍵：2）、Dolly Towards Cursor Tool（推拉視角工具，快捷鍵：3），切換至個別 Camera Tool 後，直接在監看畫面上拖曳即可調整攝影機的 Position 參數，若配合鍵盤「Shift」一起使用 Orbit Around Cursor Tool 與 Pan Under Cursor Tool，可以讓攝影機的調整在水平或垂直基準線上。

角度的旋轉變化 ◀━━  ━━▶ 前後的位移變化

上下左右的位移變化

16 使用方式很簡單，在選用工具後，按住滑鼠的左鍵再做拖曳就可以得到對應的效果。

以下是筆者為攝影機所設定的 Position 影格參數（供參考）。

攝影機	時間點	座標（X,Y,Z）
Camera 1	0;00;00;00	709.0, 526.0, -1495.6
Camera 1	0;00;02;00	746.0, 526.0, -1495.6
Camera 2	0;00;02;00	1409.0, 412.0, -1209.7
Camera 2	0;00;04;00	1409.0, 648.0, -1209.7
Camera 3	0;00;04;00	960.0, 540.0, -2666.7
Camera 3	0;00;05;29	960.0, 65.0, -3141.7

17 完成設定後再全選影格，按下 F9 把它們變成 Easy Ease，讓攝影機運動變得更順暢。把監看畫面切換至 Active Camera，就可以看到鏡頭切換的效果。

18 利用攝影機製造景深效果，在 Camera 1 > Camera Options > Aperture 更改參數至 238.6 pixels。

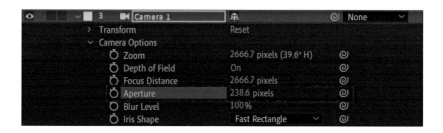

19 如此，在景深變淺、但焦沒對準的情況下，整個畫面都會變得模糊。

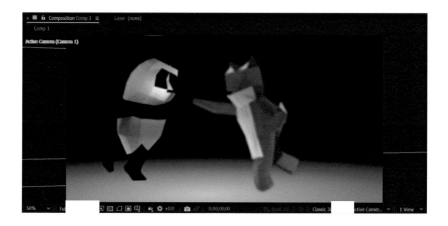

20 把監看畫面切換至 Top，因為在新增攝影機時，同時勾選了 Look to Zoom，因此目前的對焦範圍就會在主體「狐狸」的後方。

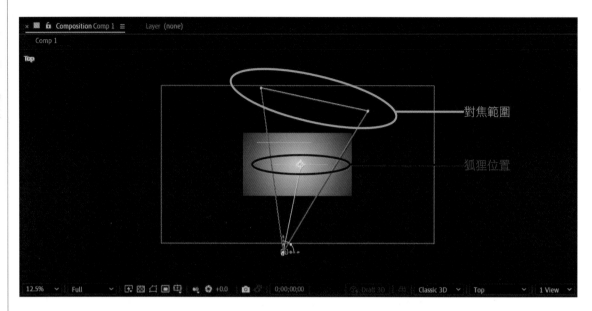

21 因此需要把「對焦範圍」往攝影機方向拉，讓它與狐狸位置重疊。把 Focus Distance 更改至參考值 1512.0 pixels，就可以讓「對焦範圍」落在「狐狸圖層」上。

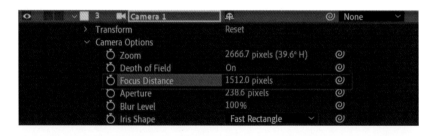

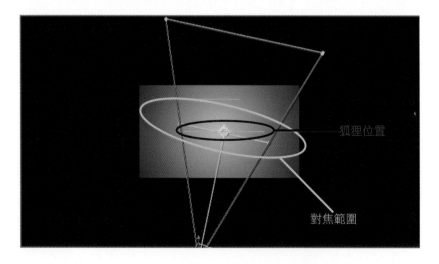

22 回到 Active Camera 就可以看到狐狸變得清晰而熊貓變得模糊。若需要把效果加強，則需要把 Aperture 參數調大，讓景深變得更淺。

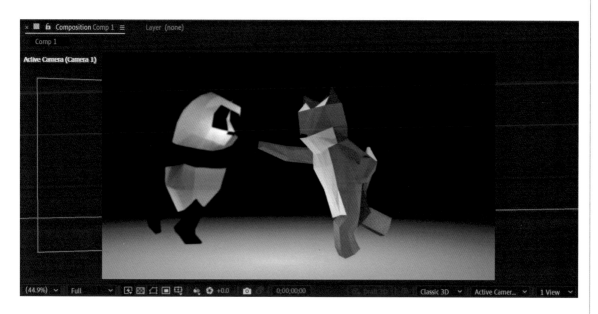

23 調整 Camera 2 的參數，先把 Zoom 調整至 3826.7 pixels 以收窄 Camera 2 的可視範圍，再利用剛剛介紹的方式調整 Camera 2 對焦範圍。以下為 Focus Distance 與 Aperture 的參考值。

👁	2 🎥 Camera 2	🅰 None
>	Transform	Reset
∨	Camera Options	
	Ö Zoom	3826.7 pixels (28.2° H)
	Ö Depth of Field	On
	Ö Focus Distance	1660.7 pixels
	Ö Aperture	269.6 pixels
	Ö Blur Level	100%

0;00;03;29 的畫面

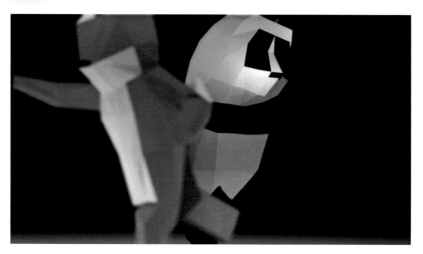

11.4 架設燈光（Light）

在時間軸面板上按滑鼠右鍵，選擇「New > Light」新增一個燈光，可以增加畫面的氣氛。

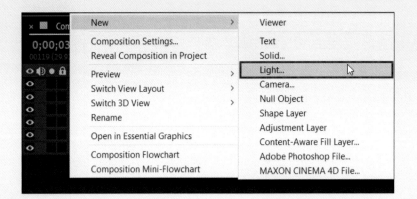

在 Light Settings 視窗中可以自行設定 Light Type（燈光類型）、Intensity（燈光強度）、Color（燈光顏色）…等。After Effects 提供的燈光類型有 4 種：Parallel（平行光）、Spot（投射光）、Point（點光源）、Ambient（環境光），不同的類型有多寡不同的參數可以設定，例如：Spot（投射光）可以設定其投射角度與光量大小，但是 Point（點光源）卻沒有。

接下來的練習將會利用到 Point（點光源）來營造場景的光影效果，

1 請先選擇 Point（點光源）。顏色為 #F800FF、Intensity: 200%、Falloff: Smooth、Radius: 400、勾選 Casts Shadow（讓燈光都能夠讓物件產生相對的陰影）。

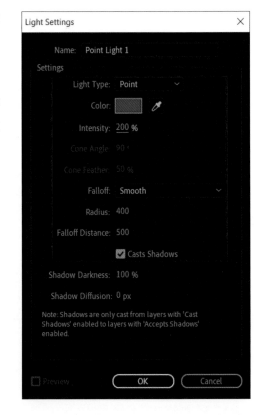

2 新增一個燈光之後，在時間軸上同時會新增一個 Light 1 圖層。請檢視監看畫面，由於場景受到燈光的影響，點光源的強度範圍內是光亮的，反之，其餘地方則變為黑暗。

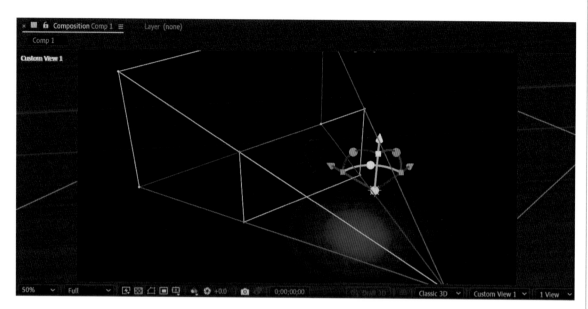

3 使用移動工具，直接拖曳燈光 Z 軸向的藍色箭頭，將調整 Light 1 的位置靠近角色並把牠照亮。

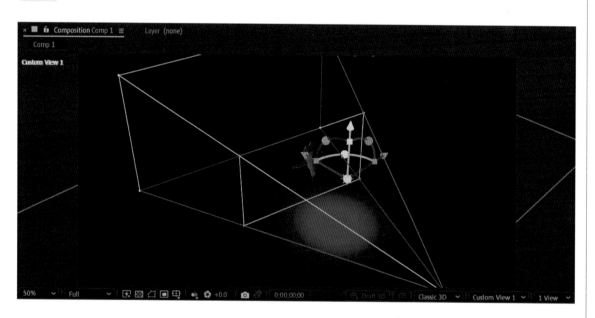

4 接下來複製另外三個燈光，請選擇 Light 1 圖層，按下鍵盤「Ctrl＋D」三次，複製出 Light 2、3、4。至 Light Option ＞ Color 把其中兩個燈光顏色改為 #00FF6A。再切換視覺角度至 Top，並利用移動工具，調整其位置如下圖所示：

時間點為 0;00;00;00

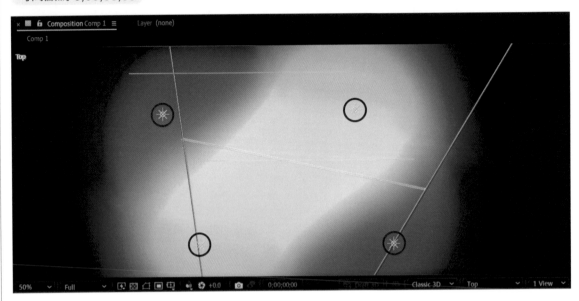

5 回到 Active Camera View 即可預覽效果。

時間點為 0;00;00;00

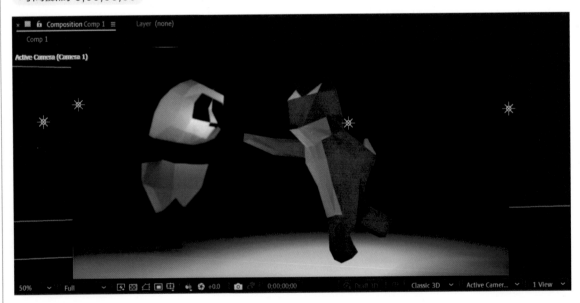

時間點為 0;00;03;15

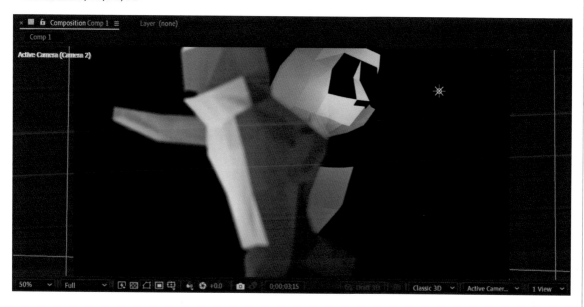

時間點為 0;00;05;20

11.5 算圖輸出（Render）

3D Layer 的輸出方式與前述章節動畫設定的輸出相同，只要先選擇時間軸，再執行功能表「Composition > Add to Render Queue」即可，其快速鍵為「Ctrl＋M」。或者利用 Media Encoder 做輸出，「Composition > Add Adobe Media Encoder Queue」即可，其快速鍵為「Ctrl＋Alt＋M」。

若要輸出為 MP4 影片，基本上使用其預設值即可，值得注意的是輸出影片檔案的存放位置，您可以按下 Output to 欄位右邊的藍色字樣去選擇檔案的存放位置與檔名。之後再按下「Enter」開始輸出。

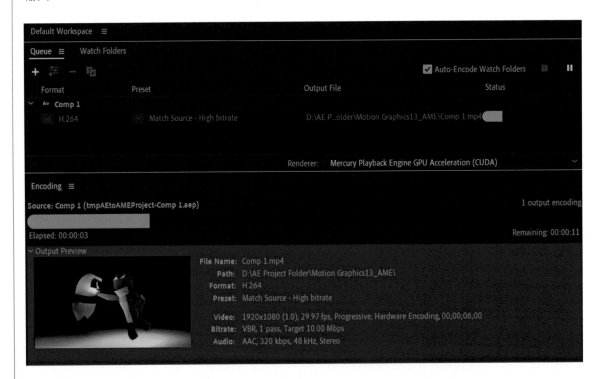

大功告成！

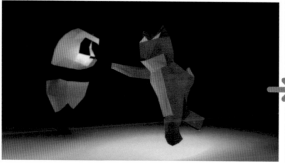 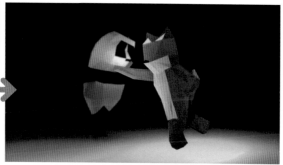

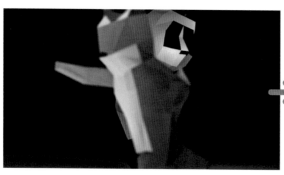 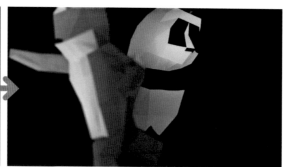

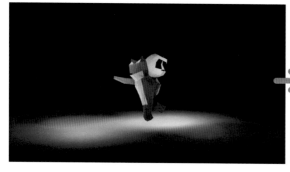 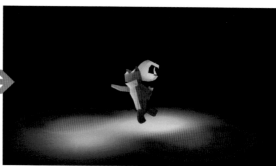

After Effects 的
3D 效果應用

上一章節認識了基礎的 3D Layer 操作，這個章節將先示範兩個使用 3D Layer 完成的練習，透過實際操作讓讀者對 After Effects 的 3D 功能更加上手。雖然説 After Effect 沒辦法製作真正的 3D 動畫，但透過 3D Layer 功能也可以有一定程度的模擬，或讓初學者加強對 3D 動畫的認識。第三個範例會介紹「非 3D Layer」方式製作 3D 錯覺，其視覺移動的彈性雖然較少，但創作所需時間也相對較短。

12.1 動態地圖

1 複製並匯入 Chapter 12 的 map.jpg 與 old paper.jpg 兩個圖片素材，建立一個 Composition 取名為 dynamic map，將 Duration 設定為 0:00:06:00。

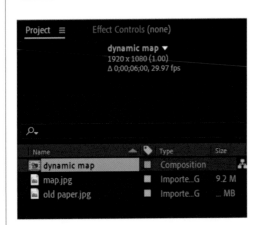

2 於時間軸的左下方按下 以開啟圖層的混合模式，並設定 map.jpg 的混合模式為 Darken，使地圖與老舊紙張質感相互疊合；然後把圖層的放大率更改至 33%，以方便下一步的操作。

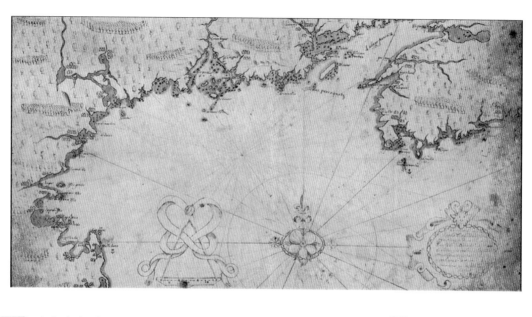

3   確定沒有點選任何圖層後，在地圖上任意找兩個地點，使用  Pen Tool 拉出兩點之間的曲線，作為模擬航線。將畫好的線段依個人喜好選擇畫筆顏色（Stroke），筆者將會以 #4D240F 為例，畫筆粗細設定為 13 px，另外按下 Fill 藍色字樣設定無填滿色（Fill）。（特別提醒讀者，如果在選擇任一圖層的狀態下使用 Pen Tool 繪圖，會變成繪製該圖層的遮罩；若要繪製 Shape 圖形或線條，記得在非選擇圖層的狀態下操作 Pen Tool。）

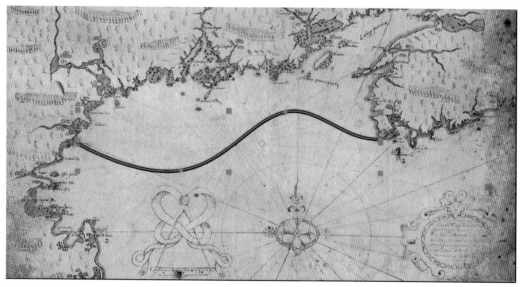

4 展開 Shaper Layer 1 的「Contents > Shape 1 > Stroke 1」，把 Line Cap 改 為 Round Cap；按下 Dashes 旁的 "+" 號，增加虛線功能並更改 Dash 參數以改變虛線的數量，筆者把 Dash 參數改為 30 為例。

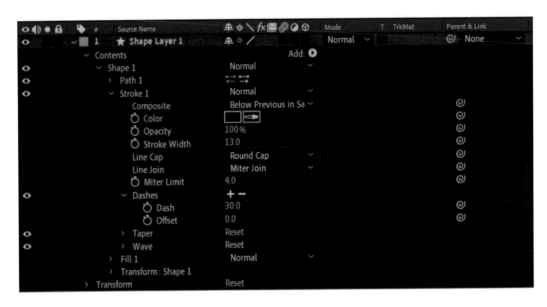

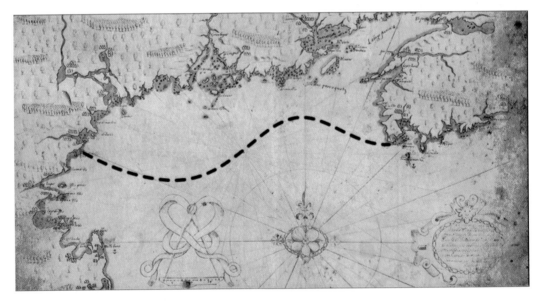

5 在 Shape Layer 的 Contents 新增 Trim Path 功能，點選「Add > Trim Paths」。Trim Path 可以讓線條轉換成動態的繪製線條。

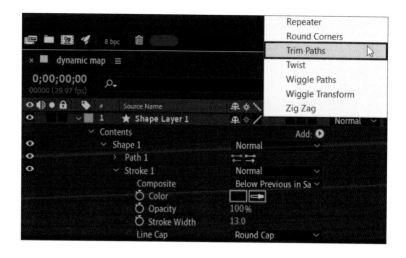

6 增加 Trim Paths 功能之後，展開其設定項目，請將時間指針移至 0:00:01:00，新增 End 項目的 Keyframe，並設定數值為 0；接著將時間指針移至 0:00:05:00，設定 End 參數為 100。設定完畢之後，預覽影片就可以看見虛線的繪製動畫已經完成。

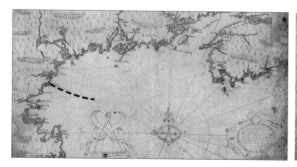

7 匯入素材 sailboat.png 至時間軸，並將其放大率改為 10%；為了讓帆船可以跟著航線移動，把 Shaper Layer 1 的「Contents > Shape 1 > Path 1 > Path」複製到 sailboat.png 的「Transform > Position」。

8 如此帆船就會移動到航線之上，Position 的關鍵影格也會自動產生。

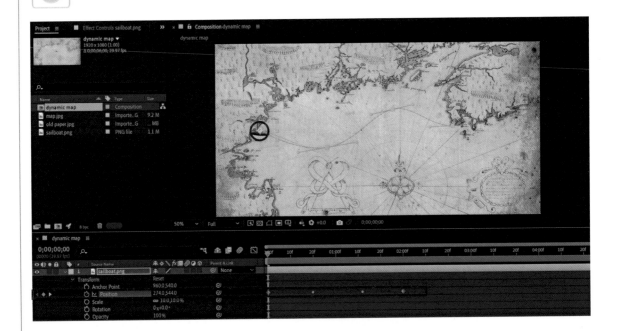

9 但因為影格所預設的持續時間與「航線」的不一樣,因此就需要把最後一個影格移動至 0:00:05:00,再把第一個影格移動至 0:00:01:00。

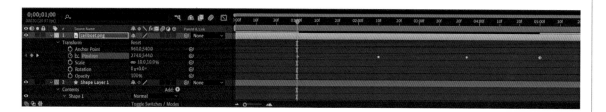

10 如此,帆船跟航線就可同步,地圖本身的設計與動畫製作到此告一段落,接下來要開始設定 3D Layer 與攝影機動態,請將所有圖層的 3D 模式開啟,同時,確保算圖引擎是使用 Classic 3D。

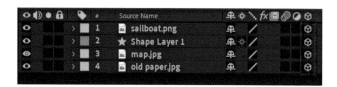

11 加入攝影機「Layer > New > Camera」，設定攝影機 Type：Two-Node，Preset 為 50mm。

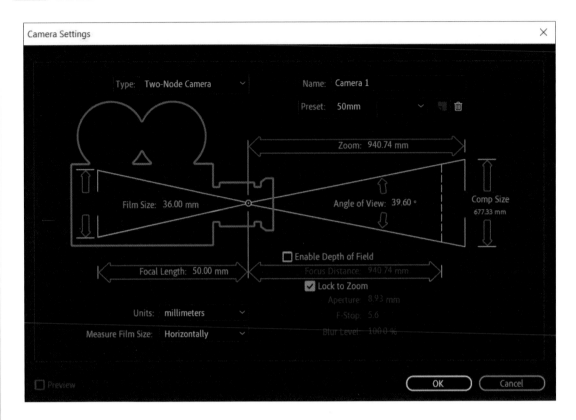

12 把 Camera 1 的「Transform > Point of Interest」 設 為「sailboat.png > Transform > Position」的子圖層，讓相機鏡頭能夠對著帆船。

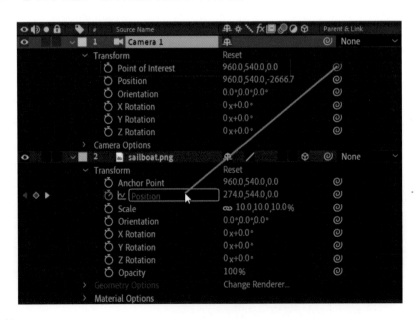

13 調整攝影機角度就可以創造 3D 視角；先把監看畫面更改至 Camera 1。

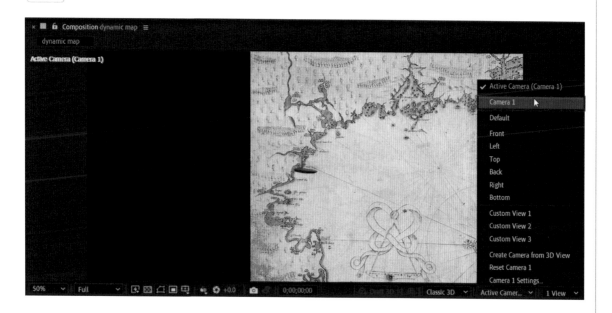

14 改變帆船的方向，讓它垂直於地圖，把「sailboat.png > Transform > Orientation」的參數改為 90.0°, 0.0°, 0.0°。

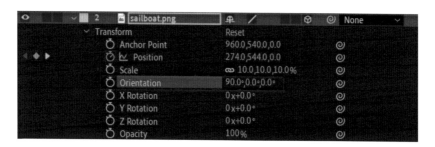

15 移動時間指針到 0:00:01:00，運用上一章的使用方法以三種 camera tool 🔄➕↓，將攝影機移位以改變視角進，並稍微旋轉攝影角度，以下是本範例參考參數與畫面。

時間點 \ 圖層的 Position 參數	Camera 1
0;00;00;00	64.2, 1707.1, -746.4
0;00;02;21	132.2, 1248.1, -746.4

@0;00;00;00

@0;00;02;21

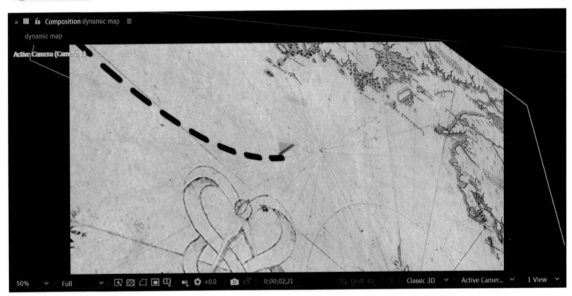

16 此時會發現帆船的高度被地圖蓋過了，因此需要改變它的 Anchor Point 座標，以下為參考值 960.0, 839.0, 0.0 的效果。

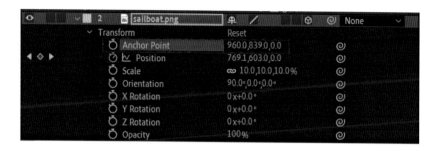

17 點選 Camera 1 圖層後，於 Edit 選單並點選 Split Layer（快捷鍵：Ctrl+Shift+D），在 0;00;02;21 後就會產生出 Camera 2 做鏡頭切換，再將攝影機移位以改變視角，並稍微旋轉攝影角度，以下是本範例參考參數與畫面。

時間點 \ 圖層的 Position 參數	Camera 2
0;00;02;21	872.8, 1147.8, -126.5
0;00;04;05	1233.8, 1212.8, -497.5
0;00;05;00	1581.8, 811.8, -274.5

18 細調攝影機角度，Orientation 參數更改至 8.0°, 8.0°, 330.0°；另外也可以更改相機的視覺角度，並把「Camera 2 > Camera Options > Zoom」改為 1901.3pixels。以下是監看畫面利用 Active Camera 角度所看到的畫面。

@0;00;01;09

@0;00;02;05

@0;00;03;02

@0;00;04;25

19 全選圖層，按下快捷鍵 U 展開所有在作用的「關鍵影格」；再全選所有「關鍵影格」並按下 F9，啟動 Easy Ease 讓動畫變得更流暢；再按下 ⬤ 以啟動 Motion Blur 功能。

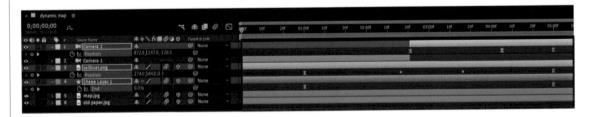

20 最後一步是加入燈光，先新增一個 Ambient Light，顏色為 #F38FF，Intensity: 50%，它在這裡的作用是環境光。

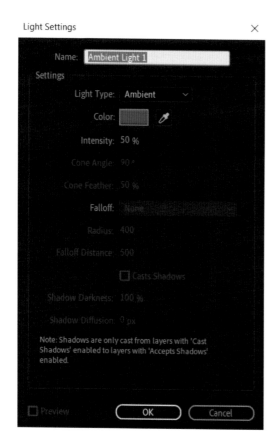

21 我們再新增一個 Spot Light，Color: #E59314、Intensity: 150%、Cone Angle: 20、Cone Feather: 75%、Falloff: Inverse Square Clamped、Radius: 967、Shadow Darkness: 225%。

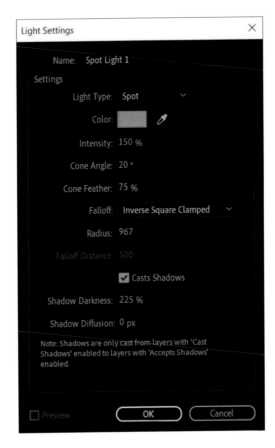

22 把 Spot Light 1 的 Point of Interest 設為 sailboat.png 中 Position 的子圖層，如此，光就會照著帆船。

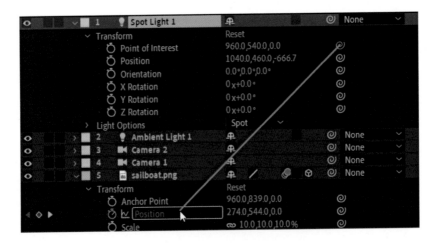

23 點選 Spot Light 1 後按下 Ctrl + D 以複製出 Spot Light 2 並設定其 Position 為 973.0, 1319.0, -666.7。

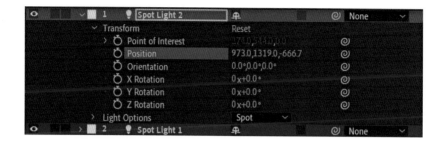

24 使用 RAM Preview 預覽動畫,即可看到最後效果。

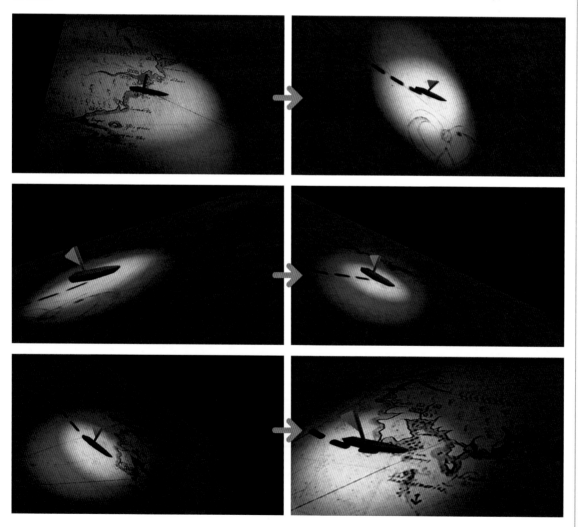

12.2 3D 蝴蝶隧道

雖然 After Effect 在沒有外掛的情況下，無法支援 3D 物件的創作，但其實也可以利用多個平面創作出 3D 的效果！以下將會利用平面的牆壁、蝴蝶素材，創作出蝴蝶在隧道中飛舞的 3D 動畫。

1 首先，複製並匯入 Chapter 12 的 wall_texture.jpg 圖片素材，建立一個 Composition，解析度為 1920 x 1080，Duration 設定為 0:00:10:00，並將圖片置入 Composition 中。

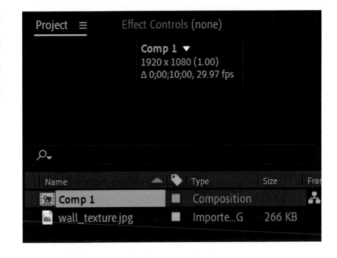

2 利用 wall_texture.jpg 做成一個立體的空間，首先把 wall_texture.jpg 拖曳至時間軸。點選後按下 Ctrl + D 複製圖層，複製出五張圖片，將五張圖片分別命名為：TOP、BOTTOM、LEFT、RIGHT、END，並開啟所有圖層的 3D Layer 模式。

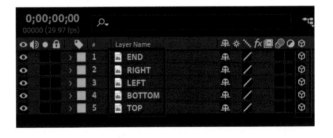

3 為了避免混淆，暫時關閉其他四個圖層，只顯示 RIGHT 圖層。調整 RIGHT 圖層 Rotation（快捷鍵：R）的 Y 軸數值為 90 度，接著拉動軸向（X 軸、紅色）將圖片往右移動，以切齊畫面右側。

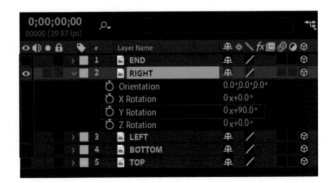

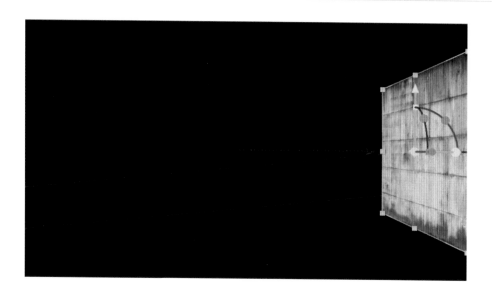

4 顯示 LEFT 圖層，調整 Rotation 的 Y 軸數值為 -90 度，拉動軸向（X 軸、紅色）將圖片往左移動，切齊畫面左側。

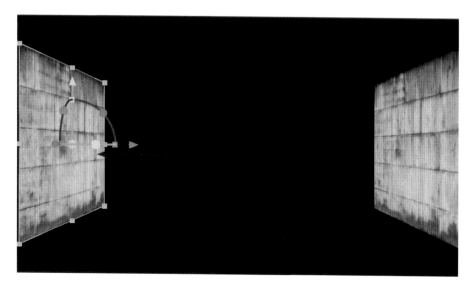

5 顯示 TOP 圖層，調整 Rotation 的 X 與 Z 軸的數值為 90 度，拉動軸向（Y 軸、綠色）將圖片向上推移切齊畫面上方。

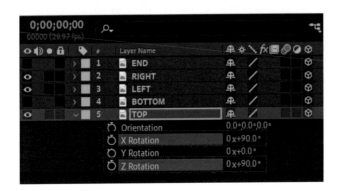

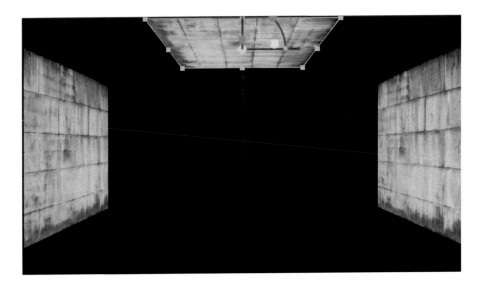

6 顯示 BOTTOM 圖層，調整 Rotation 的 X 軸為 -90 度、Z 軸為 90 度，拉動軸向（X 軸、綠色）將圖片下移，切齊畫面下方。

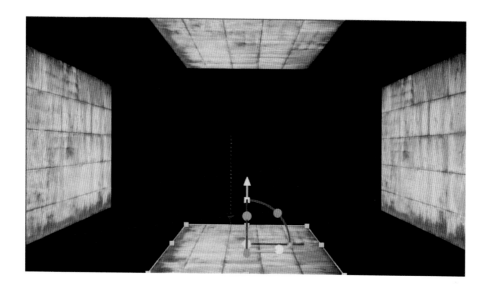

7 顯示 END 圖層,推動圖層的藍色 Z 軸軸向將圖層向後推移,配合 Shift 鍵推移,移動速度會增加。(Position 參考值為:960.0, 540.0, 7179.0)

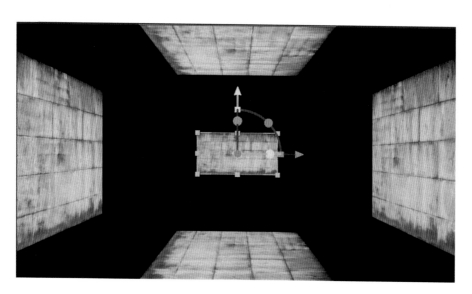

8 接著要把這個空間做成一條長廊，不過不需要麻煩的複製牆壁圖片，可以使用 Motion Tile 特效來延展邊界。

9 在 RIGHT 圖層上套用「Effect > Stylize > Motion Tile」，先調整 Output Width 為 1180（此數值為本書範例參考值，請讀者自行增減數值至 RIGHT 圖層與 END 圖層交疊為止），並設定 Mirror Edges 為開啟，消除延展圖片間接合所產生的不連續。調整完之後，按下 Ctrl＋C 複製 Motion Tile 特效，貼上於 LEFT、TOP、BOTTOM 三個圖層。

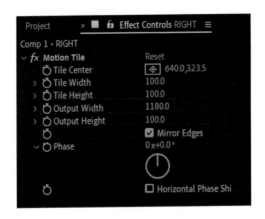

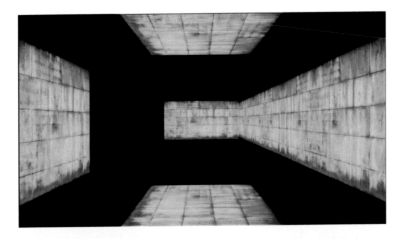

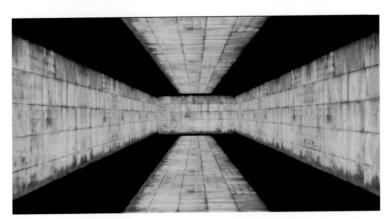

請切換視角至 Back，再使用移動工具將牆壁圖片貼齊。

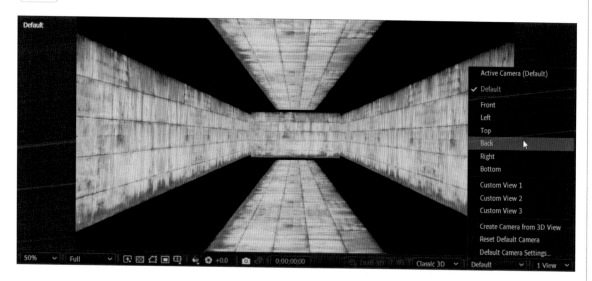

將牆面貼齊，讓四個角都可以連接。

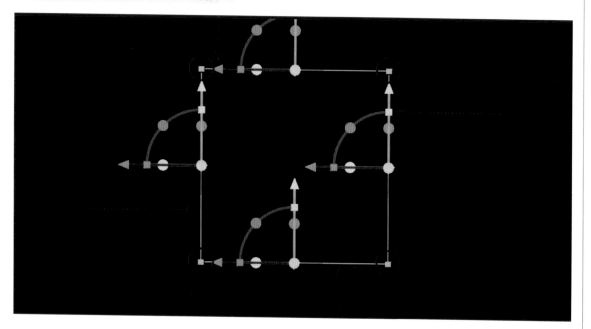

11 從 Left 或 Right 視角看，雖然 BOTTOM 牆位於很遠的位置，不過沒關係，因為 Motion Tile 已經做了視覺延伸效果，而此效果不會顯示在畫面檢視角度，所以只要正面看沒有縫隙，就沒有問題。

視覺角度：Default

12 接著要佈置場景的燈光。使用工具列的圓角矩形工具，拉出細長型的矩形，做出日光燈管的造型，Fill 填色為白色，取消 Stroke 填色。

13 替燈管加上 Glow 光暈特效，執行「Effect > Stylize > Glow」。效果的參數可使用預設值。

14 複製多個 Shape Layer 做為燈管，並開啟所有燈管的 3D Layer 功能，等距增加 Shape Layer 的 Z 軸數值以錯開燈管位置；最後選取所有燈管，調整 Y 軸參數，將燈管置於隧道上方。

15 但是 Glow Effect 是針對燈管本身產生光暈，並不會對周遭環境打光，所以接著要新增投射光源「Layer > New > Light」，Light Type：Spot、顏色設定為 #FF9720，其他參數先使用系統預設。

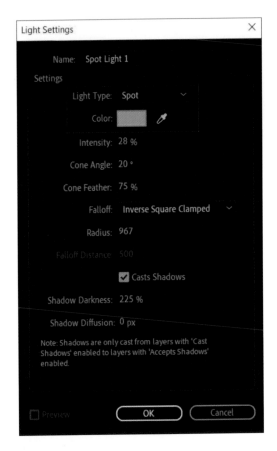

16 因為這個光源的目的是讓燈管亮起來，所以要把這個 Spot Light 放在隧道入口，並調整合適的方向、亮度等參數，以達到效果，以下是這個 Spot Light 各參數的參考值。

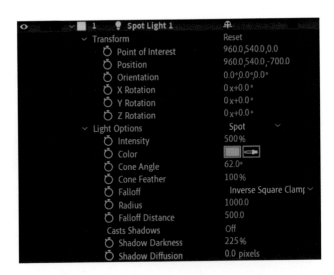

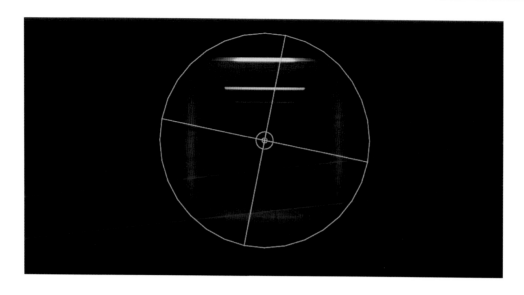

17 另外新增 Spot Light 以製作真實燈光效果，完成新增後於時間軸上調整它的參數。以下的燈光參數可做參考。

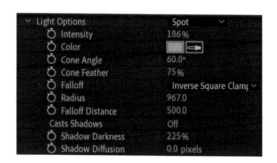

18 把位置設定在燈管上，因為 Spot Light 都需要向下照射，所以 Point of Interest 的部分都需要調整。

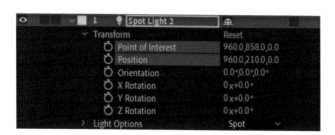

19 複製 Spot Light 2（快捷鍵：Ctrl + D），複製出 Spot Light 3 – 6，然後利用 Left View 左視圖把它們移動至燈管的位置。

Left View 左視圖

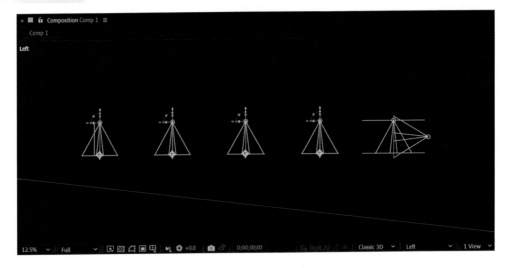

預覽角度：Default

20 鎖定剛剛的所有圖層，場景部分就告一段落了，接下來是創作蝴蝶的部分。

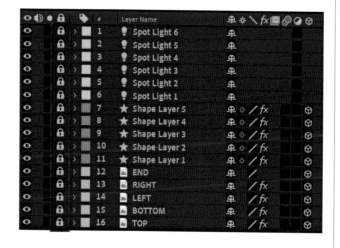

21 複製並匯入 Chapter 12 中，Butterfly 資料夾內的 b-left.psd、b-middle.psd、b-right.psd 素材，同時先關閉所有 Spot Light 的預覽，以便接下來的設定。

22 設定 b-right.psd 的 position X 軸參數為 646、b-left.psd 的 position X 軸參數為 1340，目的是將左右翅膀的邊界切齊蝴蝶身體的邊緣。

23 利用 Pan Behind (Anchor Point) Tool ▣（快捷鍵：Y）把 b-left.psd、b-right.psd 的錨點移至翅膀與身體的交接處。再把 b-middle.psd 的錨點移到蝴蝶身體的中心。

24 開啟它們的 3D Layer 功能。把 b-left.psd、b-right.psd 設定為 b-middle.psd 的子圖層，並把 b-middle.psd 的放大率改為 20%。

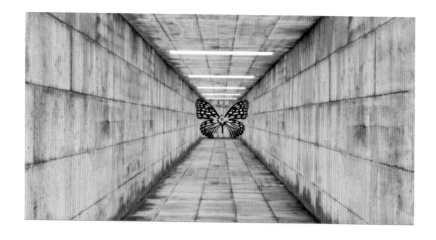

25 然後是製作翅膀拍動的動畫。由於所需的拍動次數太多,不可能以手動方式設定「關鍵影格」,Expression(表達式)在此就可以派上用場。Expression 是 After Effects 的語法程式,有時稱做表達式,許多情況下,透過 Expression 的撰寫,可以省去複雜繁瑣的動畫關鍵影格設定,也可以完成任何屬性上隨機的參數設定與參數持續增減等。

26 點選 b-left.psd 圖層後,按下快捷鍵:R,以開啟 Rotation 設定,按住鍵盤 Alt 點選 Y Rotation 的 Keyframe 設定鈕就可以設定其 Expression。

27 請在 expression 欄位輸入:"Math.abs(Math.sin(time*15)*90)"。

28 Math.sin() 是函數相關 expression,其值會在 1 和 -1 之間來回變化,time 則表示隨著時間的推進而變化,不過,time 的變化頻率過於緩慢,因此將 time 乘以 15,表述式變成 Math.sin(time*15),數值便會以 15 倍的頻率來回變化。此時雖然頻率增快為 15 倍,整體數值仍只在 1 和 -1 之間變動,然而蝴蝶翅膀是以 0~90 度來回拍動,故將 Math.sin(time*15) 整個表述式乘以 90,變成 Math.sin(time*15)*90,這時數值會在 90 ~ -90 之間來回變化。

29 蝴蝶的翅膀在擺動時不會向下擺動，所以透過 Math.abs() 這個表述式，去除括弧內的負數，像是數學中絕對值的概念，整串 expression 變成 Math.abs(Math.sin(time*15)*90)，數值就會在 0～90 之間來回變化了。

30 複製這串表述式，開啟 b-right.psd 圖層的 Y 軸 Rotation 表述式輸入框，將其貼上。

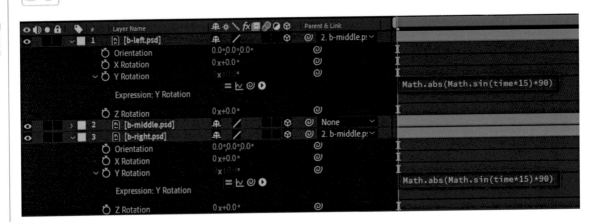

31 調整 b-middle.psd 的 Orientation 至 45.0°, 0.0°, 30.0° 以便觀察蝴蝶的動態。

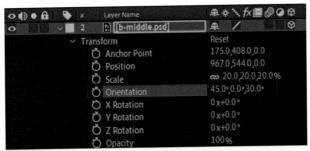

32 預覽動畫，你會發現蝴蝶翅膀翻轉的角度一模一樣，看起來像是飛機轉彎，而非蝴蝶的拍翼動態。因為左翅膀跟右翅膀應為鏡像動作的關係，要解決這個問題方法很簡單，只要將其中一個翅膀的 expression 由正改為負，即可修正翅膀的動態。

33 請在 b-right.psd 圖層的 Y 軸 Rotation 的 expression 欄位輸入："Math.abs(Math.sin(time*15)*90)*(-1)"。

34 但翅膀的拍動看起來還是有點僵硬，我們開啟蝴蝶元件個別的 Motion Blur 功能以及總開關，加入「動態模糊」，讓動作能夠更自然地呈現。

35 打開 b-middle.psd 的 Position 及 Orientation，利用「關鍵影格」來設定蝴蝶的路徑，讀者們可以自由創作，以下參數僅供參考。

	0;00;00;00	0;00;02;15	0;00;05;00
Position	776.0,735.0,0.0	1143.0,454.0,440.0	1121.0,772.0,988.0
Orientation	45.0o,0.0o,30.0o	41.0o,0.0o,338.0o	37.0o,0.0o,349.0o

	0;00;07;15	0;00;09;16
Position	1121.0,484.0,2810.0	897.0,663.0,5116.0
Orientation	55.0o,0.0o,349.0o	45.0o,0.0o,25.0o

36 同樣地，全選所有影格後按 F9，讓它們變成 Easy Ease，讓動作變得流暢。

37 最後需要新增的是攝影機，選用 Two-Node Camera，並使用 Preset：50mm。

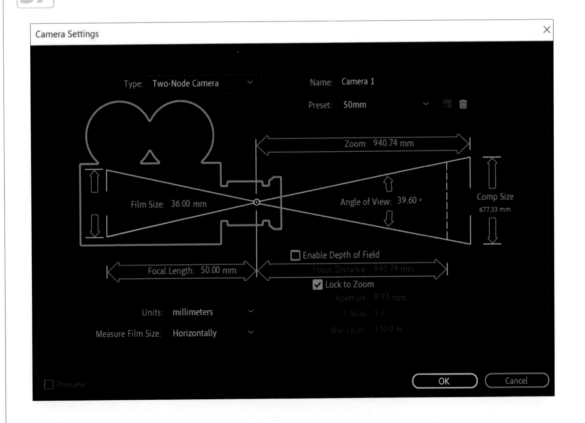

38 把攝影機的 Point of Interest 設為 b-middle.psd 中 Position 的子圖層,如此,攝影機的鏡頭就會對準蝴蝶。

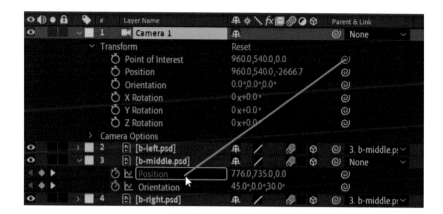

39 打開 Camera 1 的 Position 利用「關鍵影格」來設定攝影機往前的路徑,當然讀者們也可以自由創作,以下參數僅供參考。

	0;00;00;00	0;00;09;29
Position	960.0, 540.0, -2666.7	1039.0, 464.0, 2142.3

40 同樣地,全選所有影格後按 F9,讓它們變成 Easy Ease,讓動作變得流暢。

41 完成後,就可以重新開啟燈光,並按下 Space 進行整段影片的預覽。

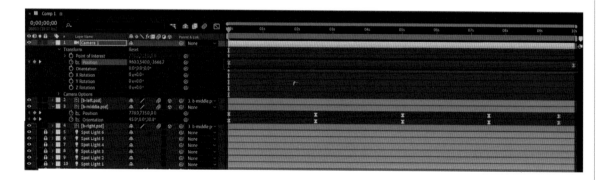

大功告成！

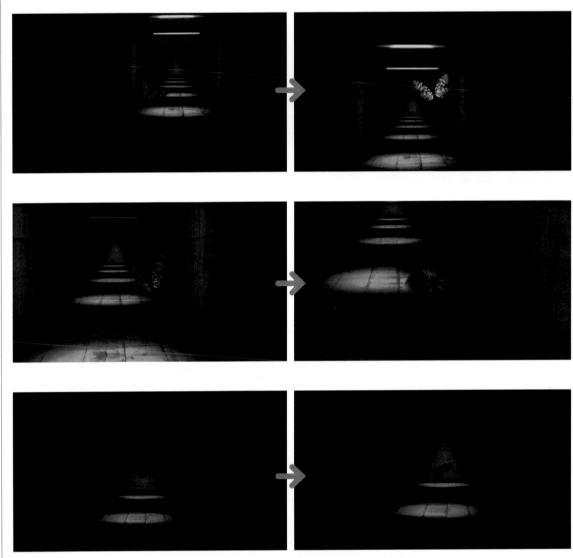

12.3 3D 化照片

在使用社群媒體（如 Facebook）時，我們可以發現「照片轉 3D」的模式，啟用後一張平平無奇的照片都會變得有立體感，營造「酷炫感」。同樣，創作者也可以利用 After Effect 創造類似的效果，但事前功夫會比較多，操作所需的時間也不少。因為需要把原圖的各個「元素」拆成獨立的圖層，再利用像 Photoshop 的影像處理軟體把後面圖層的「洞」補起來（以避免成品破圖）。接下來就像上一章的範例，把所有圖層匯入 After Effects 並使用 3D Layer 進行圖層或攝影機運動。

若需要在短時間內 3D 化照片，Displacement Map 是相對合適的方法，其原理是利用灰階的差別告訴 After Effects 相關「圖層」在照片裡的深度資訊，從而運算出 3D 效果。其方便之處是不需要為照片「拆圖層」，不過缺點是沒辦法做大幅度的鏡頭運動，不然也會有破圖的問題。雖然 Displacement Map 特效在鏡頭運動的彈性上不如 3D Layer 設定，但因為所需的創作時間較少，所以也是一個不錯的折衷方案。以下將介紹這個效果所需的步驟。

1 先把第 12 章的素材 TaiO_HK.JPG 匯入至新的 After Effect 專案，然後另外新增一個 1920X1080、維持 6 秒的 Composition。

2 把 TaiO_HK.JPG 放到時間軸上，並更改其放大率，讓照片的寬度等同於 composition 的
寬度（此範例所設定的放大率為 39%）。

接下來需要為照片製作「Depth Map」，從「遠到近」以灰階的兩個極端「黑跟白」做分辨，中間
距離的話，就以不同灰色做標示。例如：最遠方的天空以黑色做標示、中間的「棚屋」以灰色做
標示、最靠近鏡頭的小船則以白色做標示；或者反過來也可以（最遠的用白色、最近的用黑色）。
只要物件遠近與灰階的順序沒有錯，最後的成品就會成功。

1 先取消選取時間軸上的圖層，並取消 Fill 或 Stroke 的效果，利用 Pen Tool 勾畫出個每
個物件的線條。

2 先畫出方形作為底圖層，同樣 After Effects 會在時間軸上新增一個新的 Shape Layer。

3 取消選取時間軸上的圖層，勾畫出山與樹的線條。之後會被其他圖層蓋過的部分可以直接用直線帶過。

4 接下來就是水的部分，也可以用直線描繪。

5 「棚屋」部分則會拆成兩塊。

勾出小木船、水中的木條、左下方的木條的線條。

7 最後利用 Fill 更改它們的顏色。

最底層的部分使用 #FFFFFF，山與樹 #C7C7C7

左邊的「棚屋」#A4A4A4；右邊的「棚屋」#828282

水的部分為 #555555、水中木條 #4F4F4F、左下方的木條的線 #000000

8 小木船的部分會使用 Linear Gradient，#414141 至 #121212，選用 Selection Tool（快捷鍵：V）就可以改變灰階的方向，比較黑的部分會放在船頭位置。

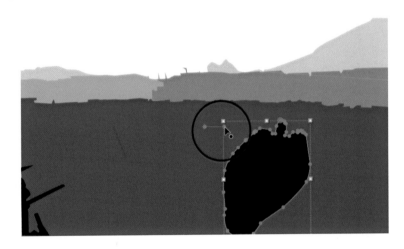

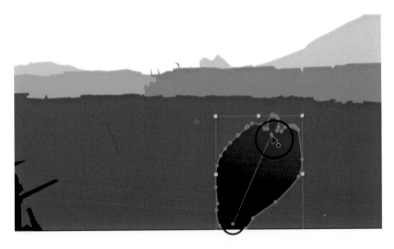

下一個步驟需要把所有的 Shape Layer 結合，但進行之前，筆者習慣先拷貝目前的檔案。萬一之後的 3D 效果不好，需要重新調整各個物件的灰階，也不需要重複剛剛描繪的步驟。

1　在 Project 面板中點選 Composition（2D To 3D）並按下快捷鍵「Ctrl + D」以進行拷貝。

2　回到時間軸，全選所有 Shape Layer 後，按右鍵點選 Pre-compose，他們就會變成 Pre-comp 1。

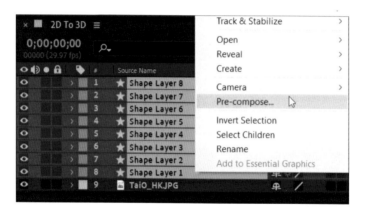

3　至 Effects & Presets 面板搜尋 Fast Box Blur 並拖曳到 Pre-comp 1。

4 至 Effect Controls 面板把 Blur Radius 改成 2.0，讓「Depth Map」的邊界有一點羽化的效果。

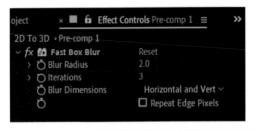

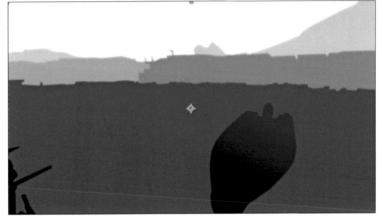

至 Effects & Presets 面板搜尋 Displacement Map，並拖曳到 TaiO_HK.JPG 上。

5 至 Effect Controls 面板，把 Displacement Map 換成 1. Pre-comp 1 以及 Effects & Masks；Use For Horizontal Displacement：Luminance；Use For Vertical Displacement：Luminance；Displacement Map Behavior：Stretch Map to Fit。

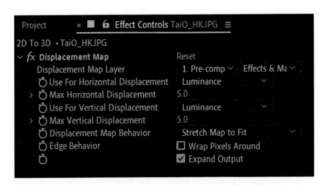

關閉 Pre-comp 1 的 預 覽， 並 調 整 Max horizontal displacement 及 Max Vertical displacement 的參數，以預覽它的效果。

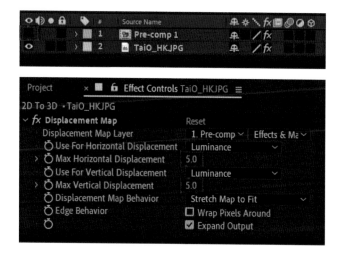

Max horizontal displacement 數值調大

Max horizontal displacement 數值調小

Max Vertical displacement 數值調大

Max Vertical displacement 數值調小

7 可以發現，前後景在移動時會有不同的速度，透過這種「不同步」，就可以創造出 3D 視覺效果。然後再配合關鍵影格，就可以把一張照片變成有立體感的影片了。（以下參數僅供參考）

	0;00;00;00	0;00;01;15	0;00;02;29	0;00;04;15	0;00;05;15
Max horizontal displacement	-32.0	40.0	5.8	空白	空白
Max Vertical displacement	-18.0	5.0	5.0	-102.0	38.0
Position	576.0,50.0	464.0,50.0	517.2,50.0	空白	960.0,480.0
Scale	70	空白	70	空白	39.5

8 同樣地，最後要全選影格並按下 F9 設定 Easy Ease。

大功告成！

影視後製全攻略--Premiere Pro/
After Effects (適用 CC)

作　　者：鄭琨鴻 / 嚴銘浩
企劃編輯：王建賀
文字編輯：江雅鈴
設計裝幀：張寶莉
發 行 人：廖文良

發 行 所：碁峰資訊股份有限公司
地　　址：台北市南港區三重路 66 號 7 樓之 6
電　　話：(02)2788-2408
傳　　真：(02)8192-4433
網　　站：www.gotop.com.tw
書　　號：ACU082900
版　　次：2021 年 12 月初版
　　　　　2024 年 06 月初版六刷
建議售價：NT$550

國家圖書館出版品預行編目資料

影視後製全攻略：Premiere Pro/After Effects(適用 CC) / 鄭琨鴻,
　嚴銘浩著. -- 初版. -- 臺北市：碁峰資訊, 2021.12
　　面；　公分
　ISBN 978-986-502-985-2(平裝)
　1.數位媒體　2.數位影像處理　3.電腦動畫
312.8　　　　　　　　　　　　　　　　110016922